相控阵雷达设计

Phased-Array Radar Design

[美] Tom W. Jeffrey 著

鲁 力 蒋 媛 石斌斌 译

孟藏珍 主审

国防工业出版社

·北京·

著作权合同登记　图字：01-2024-0415 号

图书在版编目（CIP）数据

相控阵雷达设计/（美）托马斯·W. 杰佛瑞
（Thomas W. Jeffrey）著；鲁力，蒋媛，石斌斌译. —
北京：国防工业出版社，2024.5
书名原文：Phased-Array Radar Design
ISBN 978-7-118-13303-5

Ⅰ. ①相… Ⅱ. ①托… ②鲁… ③蒋… ④石… Ⅲ.
①相控阵雷达-设计 Ⅳ. ①TN958.92

中国国家版本馆 CIP 数据核字（2024）第 096008 号

Phased-Array Radar Design：Application of Radar Fundamentals by Tom W. Jeffrey
ISBN 978-1-89112-169-2
Original English Language Edition published by The IET，Copyright 2009. All Rights Reserved.
本书简体中文版由 IET 授权国防工业出版社独家出版发行。
版权所有，侵权必究。

※

国防工业出版社出版发行
（北京市海淀区紫竹院南路 23 号　邮政编码 100048）
三河市天利华印刷装订有限公司印刷
新华书店经销

*

开本 710×1000　1/16　印张 15½　字数 268 千字
2024 年 5 月第 1 版第 1 次印刷　印数 1—1400 册　定价 99.00 元

（本书如有印装错误，我社负责调换）

国防书店：(010) 88540777　　书店传真：(010) 88540776
发行业务：(010) 88540717　　发行传真：(010) 88540762

译 者 序

相控阵雷达由于技术体制的先进性、任务功能的多样性、操纵使用的灵活性而受到国内外普遍的重视。目前，相控阵雷达技术已广泛用于民用雷达，如空中交通管制雷达、气象雷达、空间探测雷达等，同时，在军用雷达中，陆基防空雷达、导弹预警雷达、机载火控雷达、舰载雷达、星载雷达等更是大规模地投入使用。从事相控阵雷达设计、生产和使用的相关单位和科技工作者逐渐增多，深入了解相控阵雷达设计与研制相关知识的需求也日益增长。在实际工作中，无论是雷达系统研制人员，还是部队雷达使用人员、高等院校雷达相关专业学生，都希望有一本全面、系统地介绍相控阵雷达设计知识和应用的专著，在学习相控阵雷达理论知识的同时也能了解到工程实践和视角。Tom W. Jeffrey 的这本书可以满足读者的这种需求。

Tom W. Jeffrey 是美国知名雷达专家，长期供职于美国通用电气和雷神公司，同时也是 IEEE 的高级会员和国际系统工程理事会（INCOSE）的会员。他在雷达系统工程领域拥有超过30年的丰富经验，参与许多型号相控阵雷达的设计和研发。本书为其代表作。本书的初衷是专为高等院校电气工程研究生以及雷达设计工程师的企业内部培训课程而设计，因此，不是理论和推导类型的书，而是以应用为导向。通过介绍雷达设计基础知识、先进雷达概念、雷达设计折中和雷达性能分析方面的知识和技能，简洁而完整地阐述任务级需求与特定硬件和软件需求及功能之间的关系。本书的独特之处在于提供了将雷达理论应用于设计和分析的实践和视角，并提供了在一本书中很少能涵盖的丰富信息。希望本书能为高等院校电子信息类专业高年级本科生、研究生，以及从事雷达装备研制、生产和使用的工程技术人员提供有益的参考。

在翻译过程中，我们尽量忠实于原著，但对于原著中明显的错误进行了直接修正。本书前言、第1、2、3、4、9、10、11章和关于作者由鲁力翻译，第5~8章和缩略语由蒋媛翻译，第12~15章由石斌斌翻译，鲁力负责全书的统稿工作。孟藏珍对全书进行了审校，提出了许多宝贵意见，在此表示衷心感谢。

  本书译者都是多年工作在雷达技术领域的研究人员，但是相控阵雷达涉及的知识面很广，因此，我们对于原著内容的理解难免会有偏差，翻译不当之处，敬请读者批评指正。

译 者

2023 年 9 月

前　　言

　　本书旨在让雷达领域工作的系统工程师、硬件工程师和软件工程师对于现代雷达设计的基础知识有更好的理解。本书主要目的是回顾相控阵雷达的基本原理，并提供其应用于相控阵雷达设计和分析的案例。一般来说，除了必要的或有助于理解特定设计问题中的应用之外，本书关键的理论结果都没有推导或证明。全书提供充足的参考文献，可以作为雷达原理和其他有用信息的来源。

推荐使用：

　　本书可以作为独立的教科书或参考书使用。读者应当具备一定的基础知识，熟悉本科工程类专业知识，包括微积分、物理、线性系统理论、概率论以及部分研究生课程内容，如随机过程、数字信号处理、统计通信、检测和估计理论。理想情况下，读者应当拥有相当于电子工程专业硕士学位的理论水平。

　　使用这本书有两种基本方法。第一种方法是按照章节顺序学习。这种方法适用于那些新接触雷达或不太熟悉如何应用理论，希望通过学习能系统掌握雷达应用的读者。读者也可以将本书作为在雷神公司学习雷达高级课程和后续课程的指导书来使用。第二种方法是选择性地阅读可以提供特定信息的章节。这主要针对已经具有丰富工作经验的雷达工程师而言。这部分读者可以通过阅读本书，对自己现有的知识进行更新或者补充。

　　本书使用的中心思想是将理论与现实世界的案例研究和典型问题联系起来进行学习。因此，每个章节都穿插了几个案例。其中包括相控阵雷达设计的几个方面，以及针对防空和导弹防御任务的跟踪滤波器和目标识别算法的设计。此外，本书还介绍了一些与防空和导弹防御雷达、导弹预警和监视雷达设计相关的关键任务因素，为读者提供这些应用的顶层设计指导。

　　本书结合相关的设计课程、学习和作业、在职培训、各种雷达相关的工作任务和指导，使读者能够熟练地掌握雷达的设计和分析。本书还向读者传递出谨慎拟订问题和折中备选解决办法的重要性。希望这些方法和相关流程能尽快适用于设计和分析在学术环境及工作过程中遇到问题。

结构组成：

　　本书结构如下。

前6章介绍雷达的基本功能,包括检测、波形和信号处理、搜索和截获、目标跟踪和识别。以推导雷达距离方程的一般形式为起点,到为不同雷达定制功能,包括三坐标立体扫描、两坐标扫描、跟踪以及在杂波和干扰环境下的操作等,这些主题构成了核心的雷达理论体系。

第7章介绍几种相控阵雷达中常见的数据处理功能,以及资源管理和雷达调度的关键问题。其他功能还包括雷达硬件控制、雷达回波处理、监视、跟踪和目标识别等。由于这些功能在本质上是算法,并且主要在实时软件中实现,所以在许多雷达设计教科书中往往被忽略或仅作简要讨论。

第8章主要介绍对于有意或无意射频信号发射时的干扰抑制能力,也介绍了副瓣消隐,包括单副瓣和多副瓣对消、开环调零和自适应处理。本章最后介绍了一些算法,如频率捷变、发射和接收扇区消隐、典型的软件控制等,这些都是常见的干扰消除技术。

第9章主要介绍相控阵雷达结构。与前几章一样,本章的内容来自实际经验而不是理论。本章共讨论了5种常见的相控阵雷达结构,包含全视场(FFOV)雷达、有限视场(LFOV)雷达、固定波束形成和数字波束形成(DBF)雷达以及机扫相控阵雷达。本章还对比了窄带和宽带雷达的结构和需求。最后讨论了针对某一特定目标,如何定制搜索、跟踪、火控和照射功能的架构。

第10章介绍一个关键的工程设计工具:性能折中研究及其在相控阵雷达设计中的应用。这是在概述章节之后再次讨论雷达工作频率的选择,其可以看作是期望设计雷达能力的任务函数。接下来,同样重要的是波形选择主题,涵盖了常见的雷达功能(即搜索、跟踪、目标分类和识别(ID))在无干扰、杂波、干扰和箔条环境下的波形选择。随后,讨论了与特定目标探测规则相关的雷达覆盖范围和接收机工作特性(ROC)之间的折中。然后,讨论搜索、跟踪和目标分类设计的问题。

第11章讨论基于性能驱动的硬件和软件需求。硬件需求的规范,如噪声系数、相位噪声、瞬时动态范围和通道一致性与特定的系统级要求相关。同样,与跟踪、目标分类和信号处理相关的数据处理需求与其驱动系统级的需求相关。

接下来的3章讨论了空中和弹道导弹防御任务以及导弹预警系统的一些顶级雷达设计要求。每个应用程序的关键设计驱动因素都与执行特定任务所需的顶级功能相关。与前2章一样,本材料也是基于我为这些特定类型的任务设计雷达系统的经验。第15章研究了相控阵雷达执行搜索、跟踪、目标分类、干扰抑制和杂波消除功能的预测性能。

每章的最后一节提供了相关雷达参考资料的列表，包括书籍、手册和技术期刊上的相关论文。在前面章节的末尾也有一些实际问题。此外，在许多更具分析性的章节中穿插了工作示例，这些示例用于说明一些关键概念。

致谢：

本书是基于我过去 25 年里在雷神公司教的一些内部雷达课程而编写的。开发这些课程的主要目的是满足系统工程师、硬件工程师和软件工程师对雷达基本原理或更高深的原理的理解需要，以便他们更有效地执行设计任务。

本书旨在作为现代雷达系统设计的应用指南，主要是地面和舰载相控阵雷达领域。雷神公司在这方面被广泛认为是世界级的领导者。这些材料来自我在雷神公司和通用电气公司的工作成果和教学经验。在过去的许多年，我非常荣幸作为雷达系统工程师参与了许多相控阵雷达的建设，这包括弹道导弹早期预警系统（BMEWS）和超高频（UHF）频段"铺路爪"系列雷达等早期预警雷达，X 波段弹道导弹防御（BMD）雷达系列，末段高空区域防御系统（THAAD）、SBX 和高功率分辨雷达，以及用于"朱迪·眼镜蛇"替代项目中舰载数据收集系统的 S 和 X 双波段雷达。在这些工作中获得的许多实践经验，以及雷达设计和开发的分析过程都反映在本书内容当中。

许多雷达参考文献以及我在通用电气和雷神公司工作期间未公开发表的笔记和教学材料成了本书重要的原始资料。我要感谢这两家公司许多才华横溢的雷达系统工程师，他们多年来一直帮助我，本书中一些案例中的材料也来自于他们的分享，我在这里进行了重新解释和介绍。首先，我要感谢我在通用电气高级工程课程的指导老师们，他们强调解决问题的能力和应用基本原理来构思工程解决方案。此外，我要感谢雷神公司的 Eli Brookner、Fred Daum、Dan Harty、John Krasnakevich、Harry Mieras、Dan Rypysc 和 John Toomey，感谢他们在我任职期间就雷达相关主题和应用提供的帮助和许多有益的交流。我还要感谢锡拉丘兹大学的 Pramod Varshney 博士在 30 年前教我检测和估计理论，还有我的母校康涅狄格大学的 Yaakov Bar Shalom 博士在过去 20 多年里为我开发和应用跟踪和数据关联算法提供了非常有用的理论基础。最后，我还要感谢 Dan Dechant，他是我坚定的支持者，也是我的长期赞助者；以及雷神公司系统工程培训的 Charlene Corey。

我要特别感谢同样来自雷神公司的 Joe Yu、Dan Bleck、Mike Hart、Tom McDonagh 和 Bob Millett，没有他们全面的审查和有益的建议，这本书就不会出版。最后，我想感谢诺斯罗普·格鲁曼公司的 Mel Belcher，他曾供职于佐治亚理工学院，他在本书早期的写作过程中提出了许多有用的建议，使这本书变得更好。

最后，我感谢 SciTech 出版公司的优秀员工，SciTech 的总裁 Dudley Kay，也是我的赞助编辑。负责监督所有制作环节的 Susan Manning、Susan 的制作助理 Robert Lawless 以及封面设计艺术家 Kathy Palmisano。在审阅、排版、校对和整理许多未完成部分的重要阶段，感谢他们的鼓励、支持、建议和耐心，让本书得以完成。虽然一些意料之外的情况延缓了这本书最终版本的完成，但最终我们一起完成了这个目标，这是对作者和出版商之间密切合作的最高敬意。

由于作者水平有限，书中若有错误和不足之处，欢迎读者纠正和建议，以在未来的印刷和版本中改进。

Tom W. Jeffrey

萨德伯里，马萨诸塞州

thomas_w_jeffrey@raytheon.com

2008 年 10 月

目 录

第1章 雷达基础 1
1.1 引言 1
1.2 搜索和跟踪功能 1
1.3 目标检测、分辨力和杂波的概念 2
1.3.1 目标检测 2
1.3.2 雷达分辨力 3
1.3.3 杂波后向散射 4
1.4 监视雷达 5
1.4.1 立体搜索 5
1.5 雷达框图 6
1.6 雷达距离方程 7
1.6.1 干扰对信噪比的影响 10
1.6.2 其他形式的雷达距离方程 10
1.7 噪声中检测 14
1.7.1 目标模型 14
1.7.2 检测和虚警概率 15
1.7.3 热噪声中检测 16
1.7.4 恒虚警率处理器 16
1.7.5 杂波中检测 17
1.8 分辨力和测量精度 19
1.9 跟踪雷达和单脉冲技术 21
1.10 边扫描边跟踪雷达 22
1.11 参考文献 22
1.12 问题 22

第2章 目标检测 24
2.1 引言 24

2.2 目标射频散射模型……24
2.3 噪声中目标检测……26
2.4 杂波中目标检测……29
2.5 多脉冲检测……35
 2.5.1 二进制积累……35
 2.5.2 非相参积累……35
 2.5.3 相参积累……36
2.6 参考文献……36
2.7 问题……37

第3章 波形、匹配滤波和雷达信号处理……39

3.1 引言……39
3.2 波形的复数表示……39
3.3 傅里叶变换……40
3.4 匹配滤波……41
3.5 波形模糊图……44
3.6 快速傅里叶变换……45
3.7 匹配滤波器的数字化实现……45
3.8 相位编码波形……47
3.9 波形调度……48
3.10 波形与雷达功能……49
3.11 其他雷达信号处理功能……50
 3.11.1 恒虚警率处理……50
 3.11.2 单脉冲处理……54
3.12 参考文献……56
3.13 问题……56

第4章 搜索和截获功能……59

4.1 引言……59
4.2 搜索的种类……59
 4.2.1 立体搜索……59
 4.2.2 地平线搜索栅栏……61
 4.2.3 引导搜索……63
 4.2.4 多波束搜索……65

4.3 截获波形及处理 ………………………………………………… 65
4.4 参考文献 ………………………………………………………… 66
4.5 问题 ……………………………………………………………… 66

第5章 估计、跟踪和数据关联 …………………………………… 68
5.1 引言 ……………………………………………………………… 68
5.2 雷达参数估计 …………………………………………………… 69
5.3 雷达跟踪功能 …………………………………………………… 69
  5.3.1 坐标系 …………………………………………………… 70
5.4 跟踪滤波器类型 ………………………………………………… 71
  5.4.1 常增益滤波器 …………………………………………… 71
  5.4.2 计算增益滤波器 ………………………………………… 71
5.5 数据关联算法 …………………………………………………… 77
  5.5.1 最近邻 …………………………………………………… 77
  5.5.2 概率数据关联 …………………………………………… 78
  5.5.3 联合概率数据关联 ……………………………………… 78
  5.5.4 最近邻 JPDA …………………………………………… 78
  5.5.5 多假设跟踪 ……………………………………………… 78
  5.5.6 其他分配算法 …………………………………………… 79
5.6 跟踪空中目标 …………………………………………………… 80
5.7 跟踪弹道导弹目标 ……………………………………………… 81
5.8 跟踪海面目标 …………………………………………………… 84
5.9 参考文献 ………………………………………………………… 84

第6章 目标分类、分辨和识别 …………………………………… 86
6.1 概述 ……………………………………………………………… 86
6.2 目标分类问题 …………………………………………………… 87
6.3 雷达测量的目标特征 …………………………………………… 87
6.4 波形和信号处理 ………………………………………………… 88
  6.4.1 分类、鉴别和识别波形 ………………………………… 88
  6.4.2 信号处理 ………………………………………………… 88
6.5 特征提取 ………………………………………………………… 89
6.6 分类器 …………………………………………………………… 89
  6.6.1 贝叶斯分类器 …………………………………………… 89

		6.6.2 Dempster-Shafer 分类器	91
		6.6.3 决策树分类器	91
		6.6.4 基于规则的分类器	92
		6.6.5 组合分类器	93
	6.7	空中目标分类	93
	6.8	弹道导弹目标分类	94
	6.9	命中或杀伤评估	94
	6.10	性能预测	95
	6.11	参考文献	95

第7章 相控阵雷达数据处理算法 96

- 7.1 引言 96
- 7.2 数据和信号处理算法 97
  - 7.2.1 资源规划和雷达调度算法 97
  - 7.2.2 搜索和跟踪算法 100
  - 7.2.3 分类、鉴别和识别 109
  - 7.2.4 雷达硬件控制 113
  - 7.2.5 雷达测量处理 114
  - 7.2.6 信号处理 115
  - 7.2.7 标定和校准 119
  - 7.2.8 自适应处理 120
  - 7.2.9 统计检测和估计 124
- 7.3 参考文献 128

第8章 干扰抑制技术 129

- 8.1 引言 129
- 8.2 电子干扰源 129
  - 8.2.1 意外干扰 129
  - 8.2.2 有意干扰源 130
- 8.3 电子防护或电子对抗 130
  - 8.3.1 副瓣匿影 130
  - 8.3.2 副瓣对消 131
  - 8.3.3 多副瓣对消 133
  - 8.3.4 自适应处理 134

        8.3.5　数字波束形成 ……………………………………………… 136
        8.3.6　频率捷变和跳频 …………………………………………… 137
        8.3.7　扇区消隐 …………………………………………………… 138
    8.4　问题 …………………………………………………………………… 138
        8.4.1　问题说明 …………………………………………………… 138
        8.4.2　任务描述 …………………………………………………… 139
        8.4.3　其他信息 …………………………………………………… 139
    8.5　参考文献 ……………………………………………………………… 140
第9章　相控阵雷达体系结构 ………………………………………………… 141
    9.1　引言 …………………………………………………………………… 141
    9.2　基于天线的体系结构 ………………………………………………… 141
        9.2.1　全视场雷达 …………………………………………………… 141
        9.2.2　有限视场雷达 ………………………………………………… 143
        9.2.3　数字波束形成相控阵雷达 …………………………………… 144
        9.2.4　机械控制相控阵雷达 ………………………………………… 144
    9.3　按带宽分类的相控阵雷达 …………………………………………… 146
        9.3.1　窄带雷达 ……………………………………………………… 146
        9.3.2　宽带雷达 ……………………………………………………… 147
    9.4　按功能分类的相控阵雷达 …………………………………………… 148
        9.4.1　搜索雷达 ……………………………………………………… 149
        9.4.2　跟踪雷达 ……………………………………………………… 149
        9.4.3　分类、分辨和识别雷达 ……………………………………… 150
        9.4.4　导弹照射雷达 ………………………………………………… 151
        9.4.5　多功能雷达 …………………………………………………… 151
    9.5　可扩展雷达体系结构 ………………………………………………… 152
        9.5.1　可扩展体系结构目标 ………………………………………… 152
        9.5.2　可扩展体系结构组件 ………………………………………… 152
        9.5.3　可扩展雷达体系结构的备选积木块 ………………………… 157
        9.5.4　由积木块组合成雷达的例子 ………………………………… 162
第10章　雷达基本设计的折中 ……………………………………………… 164
    10.1　引言 …………………………………………………………………… 164
    10.2　工作频率选择 ………………………………………………………… 165

10.2.1　立体搜索 ··· 166
　　　10.2.2　地平线栅栏搜索 ··· 167
　　　10.2.3　跟踪 ··· 168
　　　10.2.4　目标分类和分辨 ··· 168
　　　10.2.5　工作环境 ·· 168
　　　10.2.6　雷达应用 ·· 170
　10.3　波形选择 ·· 171
　　　10.3.1　干净环境 ·· 171
　　　10.3.2　杂波环境 ·· 172
　10.4　雷达覆盖 ·· 173
　　　10.4.1　距离 ··· 173
　　　10.4.2　角度 ··· 173
　　　10.4.3　多普勒 ··· 173
　10.5　接收机工作特性设计 ··· 173
　　　10.5.1　目标起伏类型 ··· 174
　　　10.5.2　虚警和检测概率 ··· 174
　　　10.5.3　相干和非相干积累 ·· 175
　10.6　搜索设计 ·· 175
　　　10.6.1　目标类型、起伏模型和动力学 ·································· 175
　　　10.6.2　搜索栅栏与立体搜索 ·· 176
　　　10.6.3　相干和非相干积累 ·· 177
　　　10.6.4　累积概率方法 ··· 177
　10.7　跟踪体系结构和参数选择 ·· 178
　　　10.7.1　数据关联算法 ··· 178
　　　10.7.2　跟踪滤波器和目标模型 ··· 178
　10.8　目标分类 ·· 179
　10.9　参考文献 ·· 180

第11章　性能驱动的雷达需求 ·· 182
　11.1　引言 ·· 182
　11.2　雷达硬件需求 ·· 182
　　　11.2.1　雷达距离方程驱动的需求 ·· 182
　　　11.2.2　环境驱动的需求 ··· 183

11.2.3　波形驱动的需求 ················· 184
　　11.2.4　杂波消除驱动的需求 ············· 185
　　11.2.5　干扰消除驱动的需求 ············· 186
　　11.2.6　处理吞吐量 ··················· 187
　11.3　雷达处理软件需求 ················· 188
　　11.3.1　概述 ························ 188
　　11.3.2　跟踪驱动的需求 ················· 189
　　11.3.3　目标分类驱动的需求 ············· 190
　　11.3.4　信号处理驱动的需求 ············· 190
　11.4　参考文献 ························ 195

第12章　导弹防御雷达设计考虑 ············· 196
　12.1　引言 ··························· 196
　12.2　导弹防御任务参数和需求 ············· 198
　12.3　拦截能力和支持需求 ················· 198
　12.4　防御区 ························· 199
　12.5　BMD 雷达需求 ···················· 199
　12.6　性能评估和设计验证 ················· 200
　12.7　参考文献 ························ 201

第13章　早期预警雷达设计考虑 ············· 203
　13.1　引言 ··························· 203
　13.2　早期预警任务参数和需求 ············· 204
　13.3　威胁警告和打击评估 ················· 205
　13.4　EWR 需求 ······················· 205
　13.5　性能评估和设计验证 ················· 206
　13.6　参考文献 ························ 207

第14章　防空预警雷达设计考虑 ············· 209
　14.1　引言 ··························· 209
　14.2　防空任务参数和需求 ················· 211
　14.3　拦截武器的能力和支持需求 ············· 211
　14.4　防御区 ························· 212
　14.5　防空雷达的需求 ···················· 212
　14.6　性能评估和设计验证 ················· 213

14.7 参考文献 ······ 214
第15章 相控阵雷达性能预测 ······ 215
15.1 引言 ······ 215
15.2 功能性能 ······ 216
    15.2.1 目标检测 ······ 216
    15.2.2 跟踪 ······ 217
    15.2.3 干扰抑制 ······ 218
    15.2.4 杂波抑制 ······ 220
    15.2.5 硬件子系统 ······ 221
15.3 参考文献 ······ 225
关于作者 ······ 226
缩略语 ······ 227
附录 雷达基本概念和雷达距离方程 ······ 232

第1章 雷达基础

1.1 引　　言

本章将介绍一些主要的雷达概念，这些概念会在后面的章节中进行更详细的阐述。在本章中涉及一个关键概念——雷达距离方程（RRE）。虽然在其他章节中也会讨论 RRE 的具体形式，但这里会介绍它的推导和所有主要术语的定义。本章的其余部分对其他重要的雷达概念也将进行概括性介绍。

1.2　搜索和跟踪功能

通常，雷达的功能是感知目标的存在及其物理位置，并能够预测目标的未来位置。这些基本能力是军用雷达（例如火控雷达）和商用雷达（例如空中交通管制（ATC））的基础。

雷达可执行的主要功能如下。

（1）搜索。

① 探测空域并报告目标位置。

② 在二维或三维（即 2D 或 3D）中测量目标位置。

（2）跟踪。

① 通过"平滑"测量获得更精确的目标位置。

② 估计目标的"状态向量"（即位置、速率和可能的加速度）预测未来状态的目标状态向量。

（3）边扫描边跟踪。

① 将搜索和跟踪功能组合为一种雷达模式。

② 使用数据处理来启动和维持跟踪，同时搜索新的目标。

③ 在不使用额外雷达资源的情况下增加跟踪能力。

为了提供这些高层级能力，雷达必须执行许多额外的低层级功能。下面各节将介绍其中一些功能。

1.3 目标检测、分辨力和杂波的概念

影响雷达作用的3个基本概念是目标检测、雷达分辨力和后向杂波散射（通常简称为"杂波"）。下面的小节将会对这些概念以及它们对不同雷达的操作、功能和性能的重要性进行描述。

1.3.1 目标检测

雷达能量是通过载波以脉冲或脉冲串的形式传输的，载频或工作频率介于几十兆赫（MHz）和几千兆赫之间。每个脉冲的瞬时带宽可以是兆赫或更低（如窄带模式），或者是吉赫（GHz）或更高（通常被认为是宽带模式）的量级。利用雷达接收到的反射能量来确定目标是否存在。通常，这个功能是对雷达探测范围内的目标自动执行的。这就是目标检测。目标检测是雷达执行的首要功能。也就是说，目标检测是雷达后续所有功能的前提，例如跟踪和目标分类等。

反射的雷达能量（或波形）受到附加热噪声的影响，主要是由接收链路中的有源电子器件产生的。在这种"嘈杂"的环境中，目标必须被探测到。这种雷达回波或"回声"如图1.1所示。

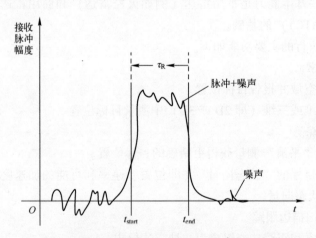

图1.1 接收的目标回波信号或"回声"示意图

两个关键的目标检测属性是"检测概率"（P_d）和"虚警概率"（P_{fa}）。雷达的设计目标是最大化 P_d 同时保持一个小的（可能是恒定的）P_{fa}。

可检测性（或 P_d）取决于目标反射能量与平均热噪声功率的比值，定义

为信噪比（SNR）。SNR是一种重要的雷达性能指标。几乎所有雷达的性能都取决于SNR，例如P_d随着SNR的增加而单调增加。

增加信噪比的两种方法是使用更高的能量（即更大的幅度或更长的持续时间）信号波形或增加（或"积累"）多个回波脉冲，既可以是相干（同相）的，也可以是非相干（幅度相加或无相位的相干性）的。

当不存在目标（仅存在噪声）却判断为有目标时，称为"虚警"。与此错误相反的是，当目标实际存在，却判断为"不存在目标"时，称为"漏检"。

多个脉冲可以作为脉冲"序列"或"迸发"形式进行发射。这种类型的波形如图1.2所示。如果脉冲串中的每个脉冲都具有能量E，则图中所示的波形具有总能量NE。

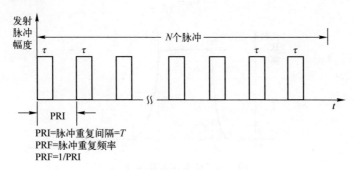

图1.2 雷达脉冲序列或迸发波形

最小"非重叠"距离是基于脉冲持续时间τ并由下式给出：

$$R_{\min} = \frac{c\tau}{2} \tag{1.1}$$

式中：c是光速。这一现象产生于这样一个事实，即接收在传输完成之前不能开始。最大"不重叠"距离因此被定义为

$$R_{\text{最大不重叠}} = c\left(\frac{T-\tau}{2}\right) \tag{1.2}$$

式中：T被定义为脉冲重复间隔（PRI）。另外，脉冲重复频率（PRF）被定义为

$$\text{PRF} = \frac{1}{T} = \frac{1}{\text{PRI}} \tag{1.3}$$

1.3.2 雷达分辨力

当目标在距离上、角度上或多普勒上（正比于目标径向速率）很接近时，

雷达可能无法分辨它们。分辨力被定义为当存在两个目标时能判断出两个目标所需的最小分离间隔。分辨力是波形持续时间或带宽（距离分辨力）、天线波束宽度（角度分辨力）和相干积累时间（速度分辨力或多普勒分辨力）的函数。

单脉冲是一种常用的雷达波形。一个简单脉冲（包络）的持续时间 τ 具有的带宽为 B，近似表示为

$$B = \frac{1}{\tau} \quad (1.4)$$

图1.3显示了一种理想的雷达矩形发射脉冲。要想易于分辨两个目标（幅度相等），需要在时间上远大于 τ。波形的固有距离分辨力定义为

$$\delta_R = \frac{1}{2B} \quad (1.5)$$

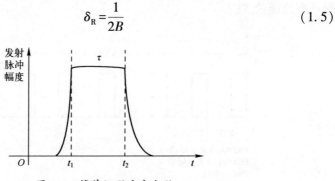

图1.3 简单矩形脉冲波形

在实际应用中，为了确保高目标分辨力，必须根据目标的相对尺寸和匹配滤波器输出的时间-副瓣将目标分离 $2\delta_R \sim 3\delta_R$，这将在本章的后续章节进行阐述。

1.3.3 杂波后向散射

雷达接收到的反射能量可能来自于意外的目标，诸如陆地或海面的后向散射、天气（例如雨）或人造物体（例如建筑物或其他结构）等。这种类型的雷达回波称为"杂波"。当雷达用于天气探测时，杂波则是期望的检测目标。

用于区分目标与杂波的一个关键鉴别特征是观测或测量的速度（或距离变化率）。这种方法是基于利用多普勒频移的效应，即与低速目标（在这种情况下为杂波回波）相比，高的距离变化率目标的回波在频率上有"偏移"更大的现象。基于目标速度的多普勒频移如下：

$$f_D = \frac{2\dot{R}}{\lambda} \quad (1.6)$$

式中：R 是目标或杂波的距离变化率；λ 是雷达工作波长。

用于将目标与杂波分离的第二个关键分辨特征则是反射电磁（EM）信号的"极化"。这尤其适用于雨中产生的杂波。采用圆极化波形时球形雨滴的回波比线性极化波形时的回波要小。不同的偏振从不同形状的目标上清晰地反射（或折射）；例如，目标锐利的边缘倾向于把能量通过主极化或正交极化，而光滑的反射体则会产生单一的反射极化。极化是分离特定类别目标的一个重要特征。

1.4 监视雷达

监视雷达在许多任务中发挥着重要的作用。监测雷达的目标是探测空间中的物体并截获（即启动目标跟踪）。通常，这些目标的跟踪交给跟踪雷达来完成，或者对于多功能雷达而言，则利用具有跟踪或者目标识别功能的雷达功能来完成。

搜索雷达发射时利用一个或多个天线波束的位置形成立体空域（即向其辐射能量）。天线可在覆盖范围内进行机械或电子扫描。"扫描"或"帧"时间是一次扫描覆盖空域的所需时间。

大多数雷达使用同一个天线发射和接收能量。开关和射频（RF）双工器常用于将发射机产生的能量送往天线或者将天线接收的能量送往接收机。接收波形相对于发射波形是非常微弱的，在做出检测判决之前必须在接收机中放大。接收机还将射频能量从其工作频率转换到频率低一些的中频（IF）或者基带上以用于进一步处理。

监视雷达可以执行多种不同类型的搜索，下面的小节将会介绍一种主要的搜索类型：立体搜索。第 4 章还将会讲到其他一些几种常用的搜索。

1.4.1 立体搜索

大多数在空中搜索模式下工作的监视雷达，例如在防空应用中（如搜索和跟踪空中目标：飞机、巡航导弹、无人驾驶飞机），执行立体式搜索。正如其名称所示，立体搜索将测量在空间中定义的一个体积，由距离、方位角和仰角来确定。图 1.4 描绘了相控阵雷达采用的典型立体搜索波束模式（或"栅格"）。

立体搜索由图 1.4 中定义的物理范围内容来确定，执行搜索所需的时间（即帧时间）、允许的虚警率和累计检测概率 $P_{d\,cum}$。

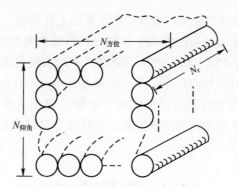

图 1.4 相控阵雷达立体搜索波束栅格

1.5 雷达框图

图 1.5 显示了一种基本的相控阵雷达结构框图。可以看到，雷达主要功能模块有相控阵天线、波束控制产生器、波形产生器、激励器和发射机、接收机、信号处理机、数据处理机以及操纵显示和控制器等。

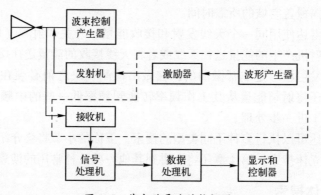

图 1.5 基本的雷达结构框图

注意：如果是对于反射面天线雷达，相控阵天线被替换为反射面天线。同样，对于机械扫描雷达，波束控制发生器被天线基座控制取代。在固态收发配置的情况下，发射机被替换为 T/R 组件（这种类型的雷达称为有源孔径雷达）。在大多数现代雷达中，信号处理通常用软件来完成，信号处理器和数据处理器被合并成一个信号/数据处理机（即计算机或多处理器）。

图 1.6 是一种相控阵列天线（通常也被更多的称为电子控制阵列）结构框图。

第 1 章 雷达基础

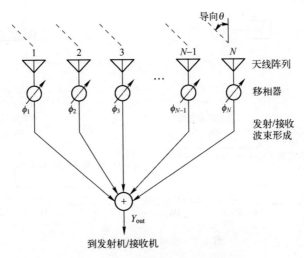

图 1.6 基本的相控阵天线结构框图

相控阵列天线是一个"采样孔径",其天线由 N 个小天线或者天线单元组成。每一个均是以"相位导向"的方式,通过移相器以角度 θ 方向来接收或发射。移相器通常是通过数字方式选择获得量化的相位(如 0°、22.5°、45°、67.5°、90°)。这种天线适用于窄带工作方式。当需要宽带方式工作时,则需要用到时间延迟线和移相器的一些组合。

1.6 雷达距离方程

雷达距离方程是在给定一组雷达参数(例如峰值发射功率、发射天线增益、接收天线增益、波长)的雷达性能的基本关系,或者是设计雷达满足特定性能需求(例如在距离雷达指定范围内具有指定雷达截面(RCS)的信噪比)的工具。图 1.7 说明了基于诸如电磁散射、电磁波在真空中的传播等物理定律的 RRE 的基本推导。

从图中可知,发射功率密度定义为

$$发射功率密度 = \frac{P_t G_t}{4\pi R^2 L_t} \tag{1.7}$$

式中:$P_t G_t$ 是峰值发射功率与发射天线增益的乘积;$R^2 L_t$ 是目标到雷达距离的平方与总发射损失的乘积。对于 RCS 是 σ 的目标,回波或者反射功率密度定义为

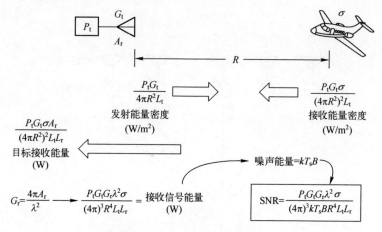

图1.7 雷达距离方程推导

$$回波功率密度 = \frac{P_t G_t \sigma}{(4\pi R^2)^2 L_t} \quad (1.8)$$

雷达天线孔径面积为 A_r，接收损失为 L_r，则到达雷达天线孔径时接收功率为

$$雷达天线孔径处功率 = \frac{P_t G_t \sigma A_r}{(4\pi R^2)^2 L_t L_r} \quad (1.9)$$

当前端的热噪声可以看作是功率谱密度为 kT_s 的"白噪声"，即玻耳兹曼常数和系统噪声温度的乘积。如果雷达处理（或噪声）带宽为 B，则匹配滤波器的输出噪声功率为

$$噪声功率 = kT_s B \quad (1.10)$$

因此，平均信号功率与均方根噪声功率的比值，通常称为 SNR，定义为式（1.9）和式（1.10）的比值，即

$$\text{SNR} = \frac{P_t G_t A_r \sigma}{(4\pi R^2)^2 k T_s B L_t L_r} \quad (1.11)$$

如果天线增益定义为

$$G_r = \frac{4\pi A_r}{\lambda^2} \quad (1.12)$$

求得接收孔径积，并代入式（1.11）得到雷达距离方程常用的"灵敏度"形式：

$$\text{SNR} = \frac{P_t G_t G_r \lambda^2 \sigma}{(4\pi)^3 k T_s B R^4 L_t L_r} \quad (1.13)$$

雷达距离方程通常以 dB 作为单位，计算方法如下：

$$\text{SNR}_{dB} = 10\lg\text{SNR} \tag{1.14}$$

将式（1.14）以表格的形式求值称为"布莱克表"（以 L. V. Blake 命名）。图 1.8 中显示了一个完整的 X 波段雷达布莱克表。

脉冲雷达距离计算表
根据 Skolnick 雷达手册，第 2 版，p-2.63

(1) 根据 A 部分和《雷达手册》2.5 节的描述，计算输入噪声温度 T_s。
(2) 在 B 部分输入分贝以外已知的距离因素，以供参考。
(3) 在 C 部分输入对数和分贝值，正数值在正栏，负数值在负栏。例如，如果图 2.3~图 2.7 给出的 Do(dB) 是负复数，那么 Do(dB) 是正的，并进入正列。Cb 参见图 2.1。距离因子的定义见式（2.1）和式（2.11）。

雷达天线高度：单位 ft, h = 50ft			目标仰角 θ = 3.00°		
A. 计算 T_s： $T_s = T_a + T_r + L_r T_e$	B. 距离因子		C. 分贝值	正（+）	负（−）
	P_t/kW	184.01	$10\lg P_t$/kW	22.65	
	$\tau_{\mu s}$	5000.00	$10\lg t$/ms	36.99	
(a) 计算 T_a 当 $T_{tg} = T_{ta} = 290$，$T_g = 36$，使用式（2.35b），从图中读取 T'_a 为 30.00K L_a (dB)： _____ 1.00 $T_a = (0.876T'_a − 254)/L_a + 290$ $\boxed{T_a = \quad 62.28°\text{K}}$	G_t/dB	48.90	G_t	48.90	
	G_r/dB	48.34	G_r	48.34	
	σ/m^2	0.10	$10\lg\sigma$		10.00
	f_{MHz}	9500.00	$-20\lg f_{MHz}$		79.55
	$T_s/°K$	484.15	$-10\lg T_s/°K$		26.85
	D_0	15.00	$-D_0$/dB		15.00
	C_b		$-C_b$/dB	/////	/////
	$L_t L_r$	−2.42	$-L_t-L_r$/dB	/////	2.42
	L_p		$-L_p$/dB	/////	/////
(b) 计算 T_r，式（2.37） L_r(dB)：1.40 $\boxed{T_r = \quad 110.31K}$	L_x		$-L_x$/dB	/////	/////
	距离方程常数 $40\lg 1.292$			4.45	/////
	(4) 计算列的总数值			161.33	133.82
(c) 计算 T_e，式（2.38） F_n(dB)：2.50 T_e = 225.70K $L_r = 1.40$ $\boxed{L_r T_e = \quad 311.55K}$	(5) 在大的下面输入小的数值			133.82	
	(6) 相减得到净分贝			27.51	
	(7) 计算自由空间距离，R_0，$R_0 = 100 \times$ 逆 $\lg$(dB/40)（n mile） 487.24				
加上 $\boxed{T_s = \quad 484.15K}$	(8) 用 R_0 乘以模式因子 F，得到非自由空间距离 $R' = R_0 F$，利用式（2.41）~式（2.56）。 $F = 1.00$，$R_0 F = 487.24$				
(9) 利用图 2.19~图 2.26 校正大气衰减 R'，可用迭代法或图形法。 距离校正因子 x-dB 衰减为逆 $\lg(x/40)$。			两种方法计算衰减 $L_{atm(dB)} = 1.66$ $10^{L_{atm}/40} = 0.91 \quad 442.94$		
记录第（9）步得到的结果			雷达探测距离（n mile） 用 km 表示	442.94 820.33	

图 1.8 X 波段雷达布莱克表示例

1.6.1 干扰对信噪比的影响

式（1.11）和式（1.13）被称作在"干净"条件下的雷达距离方程（即只在热噪声环境下工作）。当存在严重的有意或无意干扰，通常称为干扰，且干扰比热噪声大得多时，信噪比的重要性就会被信干比（SIR）所取代：

$$\text{SIR} = \frac{S}{I} \approx \frac{S}{N+I} = \frac{1}{(\text{SNR})^{-1} + (\text{SIR})^{-1}} \tag{1.15}$$

因此，当干扰电平远低于热噪声电平时，式（1.11）和式（1.13）是一种有用的雷达性能品质因数（FoM）。然而，当干扰电平接近噪声电平并超过噪声电平时，式（1.15）中定义的 SIR 就成为反映雷达性能优值参数的指标。

由式（1.15）可以看出，当热噪声被热噪声加干扰之和超过时，目标检测灵敏度降低受到 SIR 的限制。其在从数学上可以表示为

$$kT_sB \rightarrow kT_sB + \frac{P_JG_JG_{rj}\lambda^2}{(4\pi R_J)^2} \approx \frac{P_JG_JG_{rj}\lambda^2}{(4\pi R_J)^2} \tag{1.16}$$

式中：P_JG_J 是干扰机功率和天线增益的乘积（称为干扰源的有效辐射功率）；R_J 是干扰机到雷达的距离；G_{rj} 是在干扰机方向的雷达接收天线增益，且干扰机带宽 $\geqslant B$。注意：干扰能量到达雷达天线孔径上后按照反向距离的平方进行衰减，而雷达照射目标的回波则是按照反向距离的 4 次方进行衰减，这使得相对低功率的干扰源就能够降低雷达性能，这是干扰机对雷达的固有优势。

将式（1.16）代入式（1.13）可以得到干扰电平远远超过热噪声下的 RRE，即

$$\text{SIR} = \frac{P_tG_tG_r\lambda^2\sigma R_J^2}{(4\pi)^2 P_JG_JR^4L_tL_r} \tag{1.17}$$

1.6.2 其他形式的雷达距离方程

对于特定的应用场合，从式（1.13）中可以得到许多 RRE 的不同表达形式。这些 RRE 是用于搜索和跟踪的基本的变形。这些问题将会在后面的章节中进行讨论。

1.6.2.1 立体搜索的雷达距离方程

对于图 1.4 所示的立体搜索，RRE 按以下方式进行调整。首先，注意天线波束宽度与天线增益之间的关系为

$$\theta_3 = \frac{\lambda}{\sqrt{A}} = \frac{\lambda}{\sqrt{\dfrac{\lambda^2 G}{4\pi}}} = 2\sqrt{\frac{\pi}{G}} \tag{1.18}$$

搜索波束的面积近似表达为

$$A_b \approx \theta_{3AZ}\theta_{3EL} = 4\frac{\pi}{G} \tag{1.19}$$

同时，平均发射功率可以定义为

$$P_{AVE} = P_t \cdot DF = P_t\tau \cdot PRF = \frac{P_t \cdot PRF}{B} \tag{1.20}$$

式中：DF 是雷达占空比（允许发射的时间百分比）；PRF 是脉冲重复频率。注意：

$$\frac{\psi}{\theta_{3AZ}\theta_{3EL}T_{sc}} = \frac{\psi G}{4\pi T_{sc}} = PRF(或波束/s) \tag{1.21}$$

式中：ψ 是以 rad^2 表示的搜索面积；T_{sc} 是搜索的扫描时间或"帧"时间，并将式（1.20）代入式（1.21）得到

$$\frac{\psi G}{4\pi T_{sc}} = PRF = \frac{BP_{AVE}}{P_t} \tag{1.22}$$

或

$$P = \frac{P_{AVE}4\pi T_{sc}B}{\psi G} \tag{1.23}$$

将式（1.23）代入式（1.13）的 RRE，得到

$$SNR = \frac{P_{AVE}G_r\lambda^2\sigma T_{sc}}{(4\pi)^2 kT_s R^4 \psi L_t L_r} = \frac{\sigma T_{sc}}{(4\pi)kT_s R^4 \psi L_t L_r}P_{AVE}A_r \tag{1.24}$$

式（1.24）虽然是与 $P_{AVE}A_r$ 乘积成正比，但是它不是工作频率的函数。另外，要注意的是，式（1.11）RRE 的灵敏度形式是与 $P_tG_tA_r$ 乘积成比例关系。理论上来说，任何工作频率下的雷达如果具有相同的 $P_{AVE}A_r$，都可以很好地搜索相同的立体范围。

然而，在实际运用中，搜索雷达通常采用较低的工作频率，因为在固定的天线孔径尺寸下，搜索给定的立体空域所需的波束数目比在较高的频率下要少得多。在较高的频率下，这会导致轴时间占用问题，因为所需的扫描波束数量越大，则将要求调度雷达工作时序上的更长部分进行扫描。当这些调度周期超过指定的帧时间时，就称为雷达"占用受限"。

1.6.2.2 地平线线栅栏搜索的雷达距离方程

早期预警（EW）弹道导弹监视雷达和弹道导弹防御（BMD）雷达通常采用地平线栅栏搜索来探测与截获目标。图 1.9 描绘了一个典型的搜索栅栏，其方位角覆盖了 ±60° 的范围。

栅栏的概念是基于这样一个事实：如果雷达对感兴趣的目标有足够的探测

距离,那么,任何上升的弹道目标都必须穿过这个栅栏才能被探测到。因此,与其执行雷达资源密集型的立体搜索(即需要大量的扫描波束),通过在地平线或地平线以上一行波束就足以用于导弹搜索和截获。

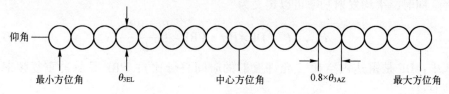

图 1.9 典型地平线栅栏搜索

从立体搜索雷达距离方程式(1.24)开始,可以利用地平线栅栏特性对其进行修改。首先,要注意的是,对于栅栏的导弹:

$$T_{sc} = \frac{\theta_3}{\dot{E}_T} = \frac{\theta_3 R}{N v_T} \quad (1.25)$$

式中:$\dot{E}_T$ 为目标仰角变化率;R 为目标距离;v_T 为目标垂直分量速度;N 为检测所需要的照射次数。注意:式(1.18)、式(1.25)中的波束宽度关系可以表示为

$$T_{sc} = \frac{2R}{N v_T} \sqrt{\frac{\pi}{G}} \quad (1.26)$$

将式(1.26)代入式(1.24)得到:

$$\text{SNR} = \frac{\sigma}{(2\sqrt{\pi}) k T_s R^3 \psi N v_T L_t L_r} \frac{P_{\text{AVE}} A_r}{\sqrt{G_r}} \quad (1.27)$$

从式(1.27)可以看出,由于 $\sqrt{G_r}$ 该项的存在,地平线栅栏搜索的 RRE 是雷达工作频率的弱函数,并且与式(1.13)和式(1.24)中的 RRE 一样,它与 R^3 成反比而不是与 R^4 成反比。

1.6.2.3 跟踪雷达距离方程

针对跟踪的主要需求来自雷达角度精度,具体为

$$\sigma_\theta = \frac{\theta_3}{k_m \sqrt{2\text{SNR} \cdot \eta}} \quad (1.28)$$

式中:k_m 和 η 分别是单脉冲斜率和由跟踪滤波器平滑的独立测量值的个数。SNR 由式(1.11)给出的 RRE 的跟踪灵敏度形式来定义。用平均功率代替式(1.20)中定义的峰值功率,得到

$$\text{SNR} = \frac{P_{\text{AVE}}}{\text{PRF}} \cdot \frac{G_t A_r \sigma}{(4\pi R^2)^2 k T_s L_t L_r} \quad (1.29)$$

将式（1.29）代入式（1.28）的平方，得到：

$$\sigma_\theta^2 = \frac{\theta_3^2}{2k_m^2 \eta} \cdot \frac{\mathrm{PRF}(4\pi)^2 R^4 k T_s L_t L_r}{P_{\mathrm{AVE}} G_t A_r \sigma} \tag{1.30}$$

现在用式（1.18）中的天线波束宽度代替并注意到 $\eta = \mathrm{PRF} \cdot T_t$，其中 T_t 是跟踪时间（PRF 指跟踪更新率），得到：

$$\sigma_\theta^2 = \frac{(4\pi)^3}{2k_m^2 T_t} \cdot \frac{k T_s R^4 L_t L_r}{P_{\mathrm{AVE}} A_r G_t G_r \sigma} \tag{1.31}$$

可以看出，跟踪精度与 $P_{\mathrm{AVE}} A G^2$ 成反比，或相当于 $P_{\mathrm{AVE}} A^3 / \lambda^4$，因此高度依赖于工作频率。对于给定尺寸的天线孔径，高频雷达可以获得更高的跟踪精度。

1.6.2.4 雷达距离方程总结

表1.1 和表1.2 提供了本节讨论的雷达应用中的 RRE 汇总。

表1.1 雷达距离方程公式（方形天线）

雷达应用	雷达距离方程	雷达参数
立体搜索	$\mathrm{SNR} = \dfrac{\sigma T_{sc}}{(4\pi) k T_s R^4 \psi L_t L_r} \cdot P_{\mathrm{AVE}} A_r$	$P_{\mathrm{AVE}} A_r$
地平线栅栏搜索	$\mathrm{SNR} = \dfrac{\sigma}{(2\sqrt{\pi}) k T_s R^3 \psi N v_T L_t L_r} \cdot \dfrac{P_{\mathrm{AVE}} A_r}{\sqrt{G}}$	$\dfrac{P_{\mathrm{AVE}} A_r}{\sqrt{G}}$
跟踪灵敏度	$\mathrm{SNR} = \dfrac{P_t G_t A_r \sigma}{(4\pi R^2)^2 k T_s B L_t L_r}$	$P_t A G$
跟踪精度	$\sigma_\theta^2 = \dfrac{(4\pi)^3}{2k_m^2 T_t} \cdot \dfrac{k T_s R^4 L_t L_r}{P_{\mathrm{AVE}} A_r G_t G_r \sigma}$	$P_{\mathrm{AVE}} A G^2$

表1.2 雷达距离方程公式（圆形天线）

雷达应用	雷达距离方程	雷达参数
立体搜索	$\mathrm{SNR} = \dfrac{\sigma T_{sc}}{16 k T_s R^4 \psi L_t L_r} \cdot P_{\mathrm{AVE}} A_r$	$P_{\mathrm{AVE}} A_r$
地平线栅栏搜索	$\mathrm{SNR} = \dfrac{\pi \sigma}{16 k T_s R^3 \psi N v_T L_t L_r} \cdot \dfrac{P_{\mathrm{AVE}} A_r}{\sqrt{G}}$	$\dfrac{P_{\mathrm{AVE}} A_r}{\sqrt{G}}$
跟踪灵敏度	$\mathrm{SNR} = \dfrac{P_t G_t A_r \sigma}{(4\pi R^2)^2 k T_s B L_t L_r}$	$P_t A G$
跟踪精度	$\sigma_\theta^2 = \dfrac{(2\pi)^4}{2k_m^2 T_t} \cdot \dfrac{k T_s R^4 L_t L_r}{P_{\mathrm{AVE}} A_r G_t G_r \sigma}$	$P_{\mathrm{AVE}} A G^2$

1.7 噪声中检测

该主题将在第2章中分别详细介绍噪声、杂波和干扰环境中的检测。但是，这里本章介绍一些基本概念。

一般来说，检测性能是信噪比（在杂波或在干扰情况下，分别是信杂比（SCR）或信干比（SIR））的函数，通常使用阈值测试方法来进行目标检测。参考文献 [6-7] 阐述了这一雷达关键功能的理论。现代雷达大多采用匹配滤波接收机使得检测之前最大限度地提高处理输出的 SNR。

检测器的基本形式为

$$s(t) \underset{H_0}{\overset{H_1}{\gtrless}} \begin{matrix} V_T \\ V_T \end{matrix} \tag{1.32}$$

式中：$s(t)$ 是最优匹配滤波器的输出；V_T 是检测阈值。检测阈值通常基于瑞利分布随机噪声幅度的假设。

1.7.1 目标模型

第2章描述了式（1.32）对几种可解析目标模型的性能。在本章中，假设目标功率服从指数分布随机变化（相当于瑞利分布随机起伏电压模型）。当回波是"看到看"之间独立的（即扫描到扫描而不是脉冲到脉冲）时，这称为 Swerling Ⅰ 目标模型。

检测是一种两个具有统计性或者非确定性源的统计现象建模。

（1）附加干扰（如噪声、干扰）。

（2）起伏目标雷达截面积。

目标的 RCS 是一个近似值，用来计算从目标反射回雷达的散射能量部分。目标 RCS 可以在幅度（或起伏）上随时间而变化。RCS 取决于雷达的工作频率（如超高频（UHF）、L 波段、X 波段）和特定目标的反射结构。复杂的散像表面，如飞机，由许多单独的 RF 散射体组成。较简单的目标形状，如锥形导弹弹头，可能仅仅存在一个或两个散射源。

对目标散射的反射能量的理解可以由波形距离分辨力来解释：

$$\delta_R = \frac{c}{2B} = \frac{c\tau_{\text{eff}}}{2} \tag{1.33}$$

当 $\delta_R \geqslant$ 目标"长度"时，在雷达处则会出现一个单一的回波，该回波是许多独立个散射分量的复数值总和。RCS 的起伏是由于在分辨力有限的波形带宽内单个散射中心分量会时而相加时而相减所产生的。

当然,当 $\delta_R \leq$ 目标"长度"时,多个散射回波在距离上就无法分辨(导致 RCS 的起伏很小或者没有)。通过目标 RCS 起伏模型(如 Swerling 模型 I~IV,对数正态)的建立,可以在没有实际观测角度 RCS 数据的情况下进行检测分析。

1.7.2 检测和虚警概率

虚警概率会影响雷达处理器必须评估的"虚假目标响应"数量。如图 1.10 所示的立体搜索中由 N_b 天线波束组成,其中 $N_b = N_{方位} \times N_{俯仰}$,$N_r$ 是距离波门,则每帧中或该立体搜索中的平均虚警数量为

$$N_{FA} = P_{FA} N_b N_r \tag{1.34}$$

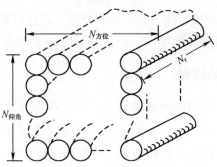

图 1.10 立体搜索示例

通常,选择寻找 P_{FA} 的值 $\leq N_{FA}/s$。因此,举例来说,$N_{FA}/s = 5$ 个虚警/s,并且 $N_b = 100$ 和 $N_r = 1000$,那么,对于 2s 的扫描或帧时间(T_{sc}),允许的 P_{FA} 为

$$P_{FA} = \frac{N_{FA} T_{sc}}{N_b N_r} = \frac{5 \times 2}{10^5} = 10^{-4} \tag{1.35}$$

雷达检测性能的估计可以通过解析 RCS 模型,如 Swerling 模型获得。每种模型类型都有一个相关的概率密度(或概率密度族),可用积分计算出该概率密度 P_D,即

$$P_D = \int_{V_T}^{\infty} f_x(x) \mathrm{d}x \tag{1.36}$$

式中:$f_x(x)$ 是 RCS 起伏密度;V_T 是选定的检测阈值,并且

$$P_{FA} = \int_{V_T}^{\infty} f_n(n) \mathrm{d}n = \mathrm{e}^{-V_T^2/2\sigma^2} \tag{1.37}$$

式中：检测阈值可以计算为

$$V_T^2 = (-\ln P_{FA})2\sigma^2 \tag{1.38}$$

将式（1.38）代入式（1.36）可以计算任何解析 RCS 模型的 P_D。

1.7.3 热噪声中检测

为指定的 P_{FA} 和目标 RCS 模型计算 P_D 需要利用式（1.36）中的积分运算。对于指数分布的 RCS（如 Swerling Ⅰ型），该积分有一个封闭解：

$$P_D = (P_{FA})^{\frac{1}{1+\text{SNR}}} \tag{1.39}$$

同样地，对于 Swerling Ⅰ 目标起伏（慢起伏-扫描-扫描），所需的信噪比由下式给出：

$$\text{SNR}_{\text{REQ}} = \frac{\ln P_{FA}}{\ln P_D} - 1 \tag{1.40}$$

对于式（1.36）中没有闭合解的概率密度，可以使用数值积分来计算 P_D。目前，已经针对许多目标模型的 P_D 进行了求值，并记录在参考文献 [6-7] 中。

1.7.4 恒虚警率处理器

式（1.38）中定义的检测阈值是 P_{FA} 和 σ^2 两个参数的函数。第一个参数如 7.2 节所述。噪声功率，σ^2 由 RRE 表达式分母中出现的接收机噪声系数或系统噪声温度（T_s）确定。根据雷达工作环境，准确估计噪声电平本身就是一个随机过程，具有挑战性。

恒虚警率（CFAR）处理器是一种在待测距离单元周围以局部方式估计 σ^2 的方法。典型的 CFAR 框图如图 1.11 所示。CFAR 算法有很多变型。这些在第 3 章中有更详细的描述。一种非常常见的类型是图中所示的单元平均（CA）法。基本概念是在被测单元（CUT）之前（即滞后）和之后（即超前），使用两个相对较短的滑动窗口（就距离单元的数量而言）作为检测候选的单元以估计噪声功率。

每个滑动窗口都可以提供一个独立的 σ^2 估计值，表示为 $\hat{\sigma}^2$，其方差是估计中使用的单元数的函数。这些估计值可以基于简单的算术平均值，有或没有截尾（即考虑去除诸如相邻目标或距离副瓣中大的值）。与使用的精确公式无关，所得估计值用于计算：

$$V_T^2 = -2\hat{\sigma}^2 \ln P_{FA} \tag{1.41}$$

对于总噪声估计的方差，使用式（1.41）代替式（1.38）会导致探测性能损失，称为 CFAR 损失。由于这个原因，CFAR 倾向于在可以容忍额外信号

第1章 雷达基础

处理损失（包括在 RRE 的分母中作为 L_r 的一部分）的情况下使用。因此，它通常用于跟踪，但不用于诸如不希望额外损失的远程搜索之类的功能。

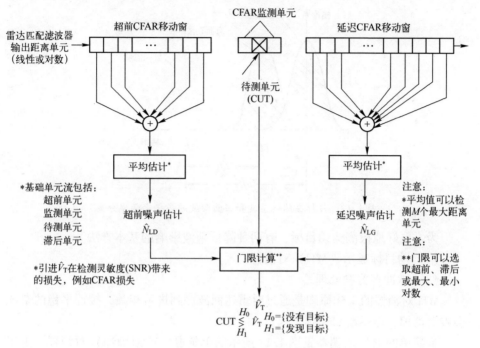

图 1.11　CFAR 处理器框图

1.7.5　杂波中检测

如果有显著特征（或多个特征）分离两个"回波"，则可以在杂波（不想要的 RF 后向散射）存在的情况下检测目标。这些特征的示例包括：

（1）多普勒频移（距离变化率差异）；

（2）极化，其中

$$\Delta f_d = \frac{2\Delta \dot{R}}{\lambda} \tag{1.42}$$

式中：$\Delta \dot{R}$ 和 λ 分别是目标或杂波的距离分辨力与雷达工作波长。典型情况如图 1.12 所示。

例如，通常可以将地面杂波与运动目标区分开来，因为地面反射回波的平均速度为 0。然而，在大风中的降雨或高海况下的海杂波的多普勒频移可能与慢速运动目标（尤其是像船只或坦克这样的地面海面目标）的多普勒频移重叠。作为目标检测的一个好处，与目标相比，某些射频波形极化（例如圆极化）可以减少雨杂波的反射。

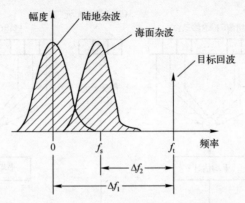

图1.12　目标在陆地杂波和海面杂波的多普勒频率分离

为了更好地检测运动目标，有两种降低杂波影响的基本方法。
(1) 动目标显示（MTI）对消器。
(2) 脉冲多普勒处理。

MTI对消器的工作原理是通过对雷达回波序列进行相减，接近平稳的杂波会被对消掉，但运动目标则会保留。

最简单的MTI对消器是图1.13所示的单延迟（或双脉冲）对消器。由于低频杂波的衰减，杂波在对消器的输出端大为减少。当目标多普勒频移接近PRF/2（即目标响应的最小衰减）时，性能最佳。

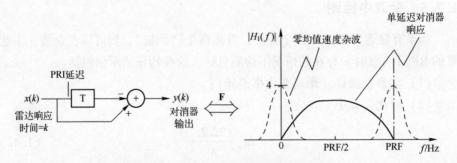

图1.13　单时延对消器和对应频率响应

脉冲多普勒波形是由N个脉冲组成的相干脉冲串，这些脉冲具有PRI（脉冲重复间隔）均匀延迟间隔。脉冲多普勒脉冲序列波形如图1.14所示。

脉冲多普勒波形的匹配滤波器包括子脉冲匹配滤波（即距离处理），其结果存储在M个距离单元中，然后是N个多普勒滤波器。杂波（以及其"混叠")将出现在较低和较高的多普勒滤波器中,如图1.15所示。

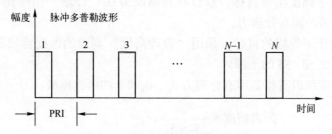

图1.14 脉冲多普勒脉冲序列波形

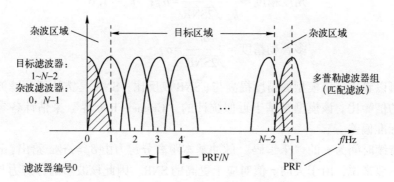

图1.15 脉冲多普勒处理及频率响应

1.8 分辨力和测量精度

分辨力(对于任何测量)定义为当存在两个目标时识别所必须的目标分离距离。波形分辨力是指波形在距离和/或多普勒上固有的分离能力。角分辨力定义为和天线方向图上的固有角度分离能力。

分辨力的定义包括:

$$
\begin{aligned}
&\text{距离}: \delta_R = \frac{c}{2B} \\
&\text{角度}: \delta_\theta = \theta_3 \\
&\text{多普勒}: \delta_f = \frac{1}{T}
\end{aligned}
\quad (1.43)
$$

式中:B 为脉冲带宽;c 为光速;θ_3 为3dB天线带宽;T 为积累时间。

一些方便的经验法则包括：

（1）对于幅度相等目标，双目标分离能力在"合理"信噪比下约为 2δ，其中 δ 是相关的固有分辨力；

（2）对于不等幅的目标，采用"合理高度"副瓣的匹配滤波器，近似分辨力可以在 $2.5\delta \sim 3\delta$ 的范围内。

测量精度可以看作是固有分辨力 δ_R、δ_θ 和 δ_f 的函数模型：

$$\text{距离精度} \approx \frac{\delta_R}{\sqrt{2\text{SNR}}} = \sigma_R$$

$$\text{角度精度} \approx \frac{\delta_\theta}{k_m\sqrt{2\text{SNR}}} = \sigma_\theta; \quad k_m \approx 1.6 \tag{1.44}$$

$$\text{多普勒精度} \approx \frac{\delta_f}{\sqrt{2\text{SNR}}} = \sigma_f$$

可以看出，该模型的精度提高与 $\sqrt{\text{SNR}}$ 成反比，SNR 是雷达匹配滤波器输出端的信噪比。该模型是基于近似统计的"Cramer-Rao 界"来估计各参数的误差标准偏差。

持续时间为 τ 的"未编码"脉冲基本距离分辨力由 $\delta_R = c\tau/2$ 给出，c 为光速。一般来说，由于大的 τ 值对应于更高的 SNR，因此该波形的分辨力与可检测性成反比。

为了消除这种现象开发了脉冲压缩技术。对简单脉冲（在脉冲持续时间内调制载波）进行"编码"，通过增加有效带宽（B），可以在不牺牲信噪比的情况下获得良好的分辨力。实现脉冲压缩的两种常用方法如下：

（1）线性调频（LFM）波形也称为"啁啾"波形。

（2）离散相位编码波形（数字调制）。

这两种技术如图 1.16 所示。

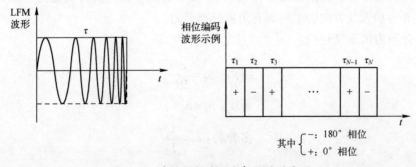

图 1.16 线性调频波形和相位编码波形

1.9 跟踪雷达和单脉冲技术

与搜索或监视雷达相比,跟踪雷达通常用于获得并保持更高的精度。这种能力通常由硬件和软件技术的结合来实现,包括:

(1) 用于角度测量的单脉冲天线处理;
(2) 更宽的射频带宽,提高距离分辨力和精度;
(3) 脉冲多普勒波形,以提高距离率分辨力和精度(以及杂波抑制);
(4) 信号处理技术,如测距内插,以提高测距精度;
(5) 跟踪滤波器,以提高位置和速率估计和预测的准确性。

跟踪雷达通过估计距离和角速度来预测目标的未来位置。这些预测用于确定雷达接下来发射和接收时的天线波束指向。

单脉冲是一种将二维接收天线分为方位和俯仰"象限"来测量目标角度的技术,并以特定的方式将它们结合起来从而实现角度位置的估计。这里的"误差"模式可以写成 $e(\theta) = \theta/\Sigma(\theta)$,如图 1.17 所示。$e(\theta)$ 的幅度和符号表示目标实际方向与天线指向角的距离。

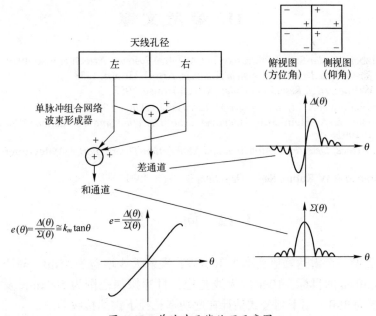

图 1.17 单脉冲天线处理示意图

1.10　边扫描边跟踪雷达

边扫描边跟踪（TWS）是一种结合搜索和跟踪功能的方法：
（1）当搜索一个立体空域时，目标截获（确认和跟踪起始）和跟踪维持均是在检测过程中执行。
（2）没有安排专用的跟踪波束，但"普通"的搜索扫描可用于搜索和跟踪两种功能。

对于机械扫描雷达，例如空中交通管制雷达：
（1）旋转天线在360°方位上进行周期扫描。
（2）宽仰角波束通常用于实现最大仰角目标覆盖。

对于相控阵雷达，类似的立体搜索（例如光栅扫描的离散天线波束）也可用于搜索和跟踪：
（1）通常，前2次或3次扫描数据用于执行跟踪起始（TI）。
（2）随后，在特定角度区域的每次新扫描（重新访问）上进行跟踪维持（或更新）。

1.11　参 考 文 献

[1] R. Nitzberg, *Radar Signal Processing and Adaptive Systems*, Artech House, 1999
[2] D. K. Barton, *Modern Radar System Analysis*, Artech House, 1988
[3] D. R. Wehner, *High Resolution Radar*, Artech House, 1987
[4] Y. Bar-Shalom & X. Li, *Multitarget-Multisensor Tracking*, YBS, 1995
[5] S. Haykin & A. Steinhardt, *Adaptive Radar Detection and Estimation*, Wiley-Interscience, 1992
[6] H. Van Trees, *Detection, Estimation and Modulation Theory, Part 1*, Wiley-Interscience, 2001
[7] J. DiFranco & W. Rubin, *Radar Detection*, SciTech, 2004

1.12　问　　题

1. 假设一个雷达峰值功率为100kW，发射天线增益为45dB，对于散射截面积为0dBsm的目标，$10m^2$的天线孔径，目标探测范围为500km，发射和接收的损耗为3dB。用下列公式估计在此功率孔径下雷达接收功率。

$$P_{rec} = \frac{P_t G_t \sigma A_r}{(4\pi R^2) L_t L_r}$$

2. 假设一个雷达受噪声干扰器影响性能下降。雷达接收机的系统噪声为 −143dBm，干扰器的有效辐射功率（$P_J G_J$）为 10W，0.01m² 的有效雷达天线孔径（相当于−30dB 副瓣），干扰器在 1000km 处，干扰器产生的等效噪声功率下降多少？使用问题 1 中的雷达，估计有效信干比（SIR）。这对雷达的性能是好还是坏？

$$N_{\text{effective}} = kT_s B_r + \frac{P_J G_J A'_r}{4\pi R_J}$$

3. 假设一个雷达，1000 个距离单元，16 个波束，1 个搜索帧为 10s 时，每秒产生 2 个虚警，求该雷达虚警概率为多少？如果搜索时需要 32 个波束，5s 为一帧，虚警概率又为多少？

$$P_{\text{FA}} = \frac{N_{\text{FA}} T}{N_b N_r}$$

4. 假设一个雷达虚警概率与问题 3 雷达一样，信噪比（SNR）为 15dB，请计算当目标为 Swerling I 型目标时的相关检测概率。

$$P_D = (P_{\text{FA}})^{\frac{1}{1+\text{SNR}}}, \quad \text{SNR}_{\text{REQ}} = \frac{\ln P_{\text{FA}}}{\ln P_d} - 1$$

5. 假设雷达系统要求检测概率为 0.95，虚警概率为问题 3 所计算的数值，则 SNR 应满足什么条件？对于一个雷达系统而言，所有满足条件的 SNR 都是合理的吗？为什么？

6. 假设一个雷达，其距离、角度（方位角和俯仰角）和多普勒分辨力分别为 15m、20mrad、100Hz。如果 SNR 为 10dB，请计算测量精度为多少？如果最初的目标是一架 RCS 为 10dBsm 的战斗机，测量精度应为多少？对于 RCS 为 0dBsm 的导弹和对 RCS 为 25dBsm 的 747 飞机测量精度又为多少？是否合理？

$$\text{距离精度} \approx \frac{\delta_R}{\sqrt{2\text{SNR}}} = \sigma_R$$

$$\text{角度精度} \approx \frac{\theta_3}{k_m \sqrt{2\text{SNR}}} = \sigma_\theta$$

$$\text{多普勒精度} \approx \frac{\delta_f}{\sqrt{2\text{SNR}}} = \sigma_f$$

7. 一个 LFM 或 "啁啾" 波形，脉冲宽度为 10μs，带宽为 1000MHz，求有效的距离分辨力？问题 5 中的 3 种目标类型可以达到什么距离精度？

第2章 目标检测

2.1 引 言

本章讨论雷达设计的一个重要方面：在真实环境中检测目标。雷达检测理论在许多教科书中都有详细的介绍，包括参考文献［2-5］。本章的主要目的是描述目标检测概念在雷达设计和分析中的实际应用。

首先，目标检测被描述为在不同环境中确定"期望"目标的存在，包括：
(1) "非期望"的热噪声；
(2) 来自自然和人造物体的反射（即杂波）。

本章将会介绍常用的 Swerling 目标模型，讨论它们的适用性。接下来介绍面杂波和体杂波中的目标检测。最后介绍多脉冲检测方法，包括相干积累和非相干积累。

2.2 目标射频散射模型

真实目标通常不是入射射频（RF）能量的"点散射体"（即点目标），而是单个散射体的复杂组合，具体取决于雷达观测几何结构、RF 工作频率和带宽。对于调制带宽非常宽的雷达（如 $B \geqslant 500\text{MHz}$），雷达通常可以分辨目标物理结构上的单个 RF 散射体中心。只要这些分辨散射体不被雷达照射遮挡（如通过几何结构的阻挡），它们在雷达上通常会显示为非起伏回波。当然，窄带雷达无法分辨单个散射体。这种情况形成散射源相加和相减的组合，最终导致目标的起伏。图 2.1 以图形方式说明了飞机目标的这些概念。

图 2.1 描述了防空雷达照射到空中目标的射频散射概念。散射中心体是由于当被雷达短脉冲照射时存在目标表面上的镜面反射点和不连续性而产生的。来自空中目标的回波可能来自飞机机头、驾驶舱、机翼、发动机腔和发动机涡轮叶片的反射，如图 2.2 所示。如前所述，目标回波的组合是这些散射体是否被雷达波形分辨的函数。

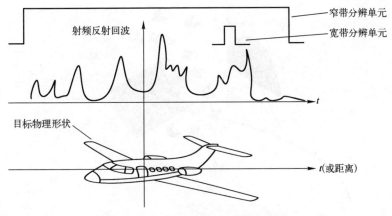

图 2.1 宽带目标散射与雷达分辨力

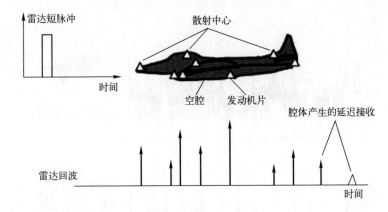

- 散射中心是目标表面的镜面点和不连续点;
- 峰值的极化和幅度取决于入射极化、散射中心形状和方向,其响应是与目标形状相关的函数;
- 所有峰值的振幅和位置随目标方向对雷达变化而缓慢变化。

图 2.2 飞机目标的射频散射中心

恰当的目标散射模型是物理结构(如尺寸、形状、散射中心和反射极化)、雷达工作频率、波形和处理参数(如带宽、积累时间)的函数。

如图 2.2 所示,空中目标通常是由许多单个散射中心体组成的复杂散射源。此外,导弹防御雷达遇到的弹道导弹目标通常则是更简单的目标。图 2.3 描绘了两个这样的目标,一个再入飞行器(RV)或弹头,一个姿态控制模块(ACM)或后助推飞行器(PBV)。

两个翻滚的弹道导弹形状物体的模拟 RCS 随时间的函数如图 2.4 所示。可以看出,由于目标相对于雷达视线(LOS)翻滚时存在目标散射的差异,使得雷达回波的幅度存在周期性。

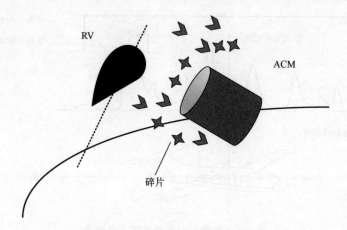

图 2.3 典型弹道导弹形状的目标

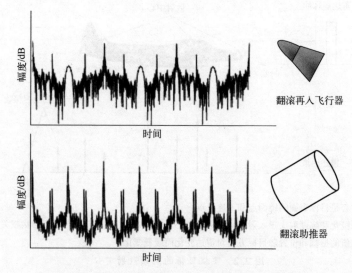

图 2.4 翻滚 RV 和助推器形状物体的模拟回波幅度

2.3 噪声中目标检测

本节回顾一些基本的检测理论。对于非起伏目标（即幅度恒定），返回的雷达回波为幅度 A 和持续时间 T。将每个雷达（分辨力）单元中的回波与设置在背景热噪声之上的固定阈值电压进行比较。当回波幅度超过阈值时，有"目标"存在；否则，"无目标"存在：

第 2 章 目标检测

$$r(t) \underset{H_0}{\overset{H_1}{\gtrless}} V_T \tag{2.1}$$

式中：$r(t)$、V_T、H_0 和 H_1 分别是来自目标的雷达回波、检测阈值和假设无目标（即零假设）与假设有目标。

非起伏目标的检测概率（P_D）是信噪比（SNR）的函数：

$$\text{SNR} = \left(\frac{A^2}{2}\right)(kT_sB)^{-1} = \left(\frac{A^2}{2}\right)N_0B = \left(\frac{A^2T}{2}\right)\Big/N_0 \tag{2.2}$$

式中：T_s、N_0 和 B 分别是系统噪声温度、噪声功率与噪声带宽。目标检测问题如图 2.5 所示。

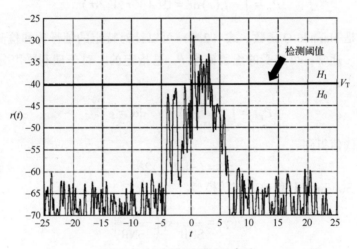

图 2.5 目标检测问题示意图

在检测之前，通过正交检测器，目标电压为

$$V_t(t) = A_I(t)\cos(\omega_c t) + A_Q(t)\sin(\omega_c t) \tag{2.3}$$

式中：A_I、A_Q 分别是同相和正交波形的包络；ω_c 是以 rad 表示的载波频率。正交检波器的噪声电压为

$$V_n(t) = X_I(t)\cos(\omega_c t) + Y_Q(t)\sin(\omega_c t) \tag{2.4}$$

信号加噪声的复包络为

$$\begin{aligned} r(t) &= \{[A_I(t)+X_I(t)]^2 + [A_Q(t)+Y_Q(t)^2]\}^{1/2} \\ &= [X^2(t)+Y^2(t)]^{1/2} \end{aligned} \tag{2.5}$$

如果噪声统计是双变量高斯（均值为 0），则 r 和 θ（电相位角）中的联合概率密度函数为

$$f(r,\theta) = r\exp(A_p^2/2\sigma^2)\exp[-(r^2-2r(A_x\cos\theta+A_y\sin\theta))/2\sigma^2] \quad (2.6)$$

其中

$$A_p^2 = A_x^2 + A_y^2$$
$$2\sigma^2 = \text{总噪声能量} \quad (2.7)$$

通过对 θ 积分，r 的密度变成

$$f_r(r) = r\exp(-A_p^2/2\sigma^2)\exp(-r^2/2\sigma^2)I_0(rA_p/\sigma^2)r/\sigma^2 \quad (2.8)$$

式中：I_0 是第一类贝塞尔函数。P_D 可由式（2.8）从 V_T（阈值）到 ∞ 的积分给出：

$$P_D = \int_{-V_T}^{\infty} f_r(r)\,dr = Q(A_p/\sigma, V_T/\sigma) \quad (2.9)$$

式中：Q 是 Marcum Q 函数。式（2.9）可以针对特定的信噪比和检测阈值 V_T 进行计算。通常，可接受的虚警概率 P_{FA} 是指定的。对于瑞利噪声分布，P_{FA} 由下式给出：

$$P_{FA} = \int_{-V_T}^{\infty} \frac{\alpha}{\sigma^2} e^{-(\alpha/\sigma)^2/2}\,d\alpha = e^{-\frac{V_T^2}{2\sigma^2}} \quad (2.10)$$

求解检测阈值得到：

$$V_T^2 = (-\ln P_{FA})2\sigma^2 \quad (2.11)$$

对于 Swerling I 型 RCS 起伏模型：

$$f_\gamma(\gamma) = \frac{1}{\overline{SNR}}\exp\left(-\frac{\gamma}{\overline{SNR}}\right) \quad (2.12)$$

其中，$\overline{SNR}$ = 平均 SNR，并且

$$P_{D_{SW\,I}} = \int_{V_T}^{\infty} f_\gamma(\gamma)\,d\gamma = (P_{FA})^{\frac{1}{1+\overline{SNR}}} \quad (2.13)$$

Swerling I 型起伏目标模型采用指数型的 RCS（或功率）概率密度，或者等效地为瑞利电压概率密度。另一个可能的目标模型显示了 RCS 的起伏遵循 4 自由度的卡方分布：

$$f_\gamma(\gamma) = 4\left(\frac{\gamma}{\overline{SNR}^2}\right)\exp\left[-\left(\frac{2\gamma}{\overline{SNR}}\right)\right] \quad (2.14)$$

这是 Swerling III 型模型。关于这些模型的适用性，要注意：
（1） Swerling I 型适用于慢起伏（如扫描到扫描）RCS 的主体点目标；
（2） Swerling III 型更适合于慢起伏的多散射中心体目标。
将 Swerling III 型的概率密度函数从 V_T 到 ∞ 积分得到：

$$P_{D_{SW\,Ⅲ}} = \left\{\frac{2}{(2+\overline{SNR}^2)}\right\} [2+((V_T/\sigma)^2/2)\overline{SNR}+\overline{SNR}^2/2] \exp\left[\frac{-\left(\frac{V_T}{\sigma}\right)^2}{2} \bigg/ (1+\overline{SNR}/2)\right]$$
(2.15)

Swerling Ⅲ (SW Ⅲ) 型和 Swerling Ⅰ (SW Ⅰ) 型相比的优势主要是：在较高信噪比下可以对脉冲进行非相干积累。当 SNR≥10dB 时，SW Ⅲ 型优于 SW Ⅰ 型。

一些详细的 Swerling 模型定义和特征如下。

(1) 对于两个 N 脉冲串，每次扫描 1 个：

2D 扫描 A 上的 N 个脉冲的回波幅度在统计上是独立于扫描 B 上的 N 个脉冲的回波幅度（即 $\{A_1, A_2, \cdots, A_N\}$，$\{B_1, B_2, \cdots, B_N\}$）。

(2) Swerling Ⅰ 型和 Swerling Ⅲ 型假设一组具有相同幅值 A，而另一组具有相同幅值 B：$A_1 = A_2 = \cdots = A_N$ 和 $B_1 = B_2 = \cdots = B_N$。

(3) Swerling Ⅰ型假设式 (2.12) 中的 $f_\gamma(\gamma)$ 和 Swerling Ⅲ型假设式 (2.14) 适用。

(4) Swerling Ⅱ型和Ⅳ型假设集合 A 与 B 中的每个回波在统计上是独立的，并且式 (2.12) 和式 (2.14) 分别适用：A_1 不等于 A_2，B_1 不等于 B_2，以此类推。

总之，Swerling Ⅰ型和Ⅲ型是慢起伏的目标（即扫描到扫描，搜索帧到帧）。Swerling Ⅱ型和Ⅳ型假设快起伏 RCS（即脉冲到脉冲）。如果脉间射频变化足以使感兴趣的目标（目标形状的函数等）去相关，则可以将 Swerling Ⅰ型和Ⅲ型分别转换为 Swerling Ⅱ型和Ⅳ型。

2.4　杂波中目标检测

前一节讨论了热噪声中的目标检测。在本节中，来自自然界和人造目标的后向散射效应可以建模为对热噪声背景的增强。多普勒处理是抑制杂波的关键技术，因为一般来说，感兴趣的目标的运动速度显然比杂波速度快。使用不同匹配滤波（MF）处理器的两类基本波形包括：

(1) 动目标显示（MTI）波形和处理（消除器）；

(2) 脉冲多普勒（PD）波形和处理（多普勒滤波器组）。

杂波鉴别器的特征是允许从杂波回波中分离目标。可以用于杂波鉴别的包括：

(1) 仰角；

(2) 速度；
(3) 极化；
(4) 载波频率灵敏度；
(5) 方位角灵敏度；
(6) 信号带宽。

下面将逐一讨论。

(1) 目标仰角。大多数情况下，目标回波来自"地面"以上，而地杂波的回波则不是。因此，仰角有助于将目标与地杂波分离。

(2) 目标速度。这是将目标与地面、海洋和气象杂波分离的最常用特征。这些杂波类型通常是静止到缓慢移动。由于大多数感兴趣的目标都具有较高的径向速度，因此，速度可以作为一种有用的杂波鉴别特征。

(3) 目标极化灵敏度。某些射频极化从目标反射的方式不同于从非期望的物体反射的方式（如雨的后向散射）。一个例子是使用圆极化，它可以将相对于目标的雨杂波抑制高达10dB。

(4) 载波频率灵敏度。特定的射频频率使目标对杂波的响应最大化，利用频率分集也可以使目标对杂波的分离比最大化。

(5) 射频带宽。更高的射频带宽减少了距离单元的大小（并增加了距离分辨力），因此减少了面（海洋、陆地的）和体（雨、箔条）杂波的后向散射。

在表征杂波幅度时，最感兴趣的量是杂波的等效 RCS，因为信杂比（SCR）（用于目标距离处的主波束杂波）如下所示：由于对感兴趣的杂波主要量化幅度是等效于杂波的 RCS，因此，信杂比（用于目标距离处的主波束杂波）由下式给出：

$$(S/C) = \frac{RCS_{目标}}{RCS_{杂波}} \tag{2.16}$$

有两种基本类型的杂波要处理：面杂波（陆地、海洋）；体杂波（雨、箔条）。这两种杂波类型的定义关系由杂波的有效 RCS 给出：

$$\sigma_c = \begin{cases} \sigma° A_C \\ \sigma° V_C \end{cases} \tag{2.17}$$

式中：$\sigma°$、A_C 和 V_C 分别是归一化杂波系数、面杂波面积与体杂波体积。对于表面杂波，$\sigma°$ 的单位为 m^2/m^2；对于体杂波，$\sigma°$ 的单位为 m^2/m^3，从而导致杂波 RCS 的单位为 m^2。

杂波面积和体积分别为

$$A_C = \left(\frac{Rc\tau}{2}\right)\tan\phi\,\theta_{AZ} \qquad (2.18)$$

和

$$V_C = R^2 \theta_{AZ}\theta_{EL}(c\tau/2) \qquad (2.19)$$

式中：R、c、τ 和 ϕ 分别是杂波距离、光速、脉冲宽度与俯仰角。θ_{AZ} 和 θ_{EL} 是天线方位和仰角波束宽度。

在许多感兴趣的情况中，杂波既不在天线主波束内，也不在目标距离内。对于这种更一般的情况，SCR 是从雷达接收功率的距离方程导出的，定义为

$$P_{\text{rec}} = \frac{P_t G_t \sigma A_r}{(4\pi R^2)^2 L_t L_r} \qquad (2.20)$$

式中：σ 是目标或杂波的有效 RCS。对于表面杂波，信杂比定义为接收目标功率与接收杂波功率之比：

$$\text{SCR} = \frac{P_t G_t \sigma A_r^2}{(4\pi R^2)^2 L_t L_r} \cdot \frac{(4\pi R_c^2)^2 L_t L_r}{P_t G_t \sigma_{杂波} A_r'^2} = \left(\frac{A_r}{A_r'}\right) \cdot \left(\frac{R_C^3}{R^4}\right) \cdot \left(\frac{\sigma}{\sigma^\circ \left(\frac{c\tau}{2}\right)\tan\phi\,\theta_{AZ}}\right) \qquad (2.21)$$

式中：R_c、R、A_r 和 A_r' 是杂波的距离、目标的距离、全天线孔径、杂波进入副瓣的有效天线孔径。

由于速度（更精确地说，距离变化率或径向速度）是杂波鉴别的关键，通常利用射频载波频率的多普勒频移来减轻杂波回波对目标检测的影响。多普勒技术有以下两大类。

(1) MTI 波形和 MTI 延迟线对消器。

(2) 脉冲多普勒（PD）波形和多普勒滤波器组。

下面将讨论这两种类型。当然，简单来说，这两种方法的区别如下。

(1) MTI。对平稳窄带杂波抑制具有极好的性能；每次检测使用 2~3 个脉冲的简单处理。

(2) 脉冲多普勒。对静止或移动杂波抑制有极好的性能。使用相干（N 脉冲）波形和一组 N 个多普勒滤波器进行检测。

动目标指示波形和处理利用了陆地、海洋与天气杂波的低速特性。典型的 MTI 应用使用 3 个脉冲（2 个延迟），处理过程如图 2.6 所示。

图 2.7 给出了三脉冲（两延迟）MTI 对消器的响应。

MTI 对消器的杂波衰减（CA）定义为

$$\text{CA} = \frac{C_{\text{in}}}{C_{\text{out}}} \qquad (2.22)$$

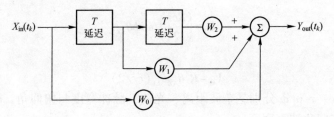

图 2.6 三脉冲 MTI 对消器

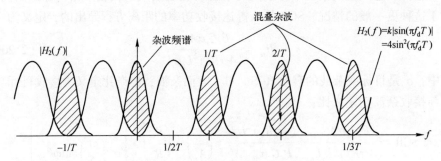

图 2.7 三脉冲 MTI 对消器频谱响应

式中：C_{in} 和 C_{out} 分别是输入和输出杂波功率。

依赖多普勒频率的改善因子 $I(f_D)$ 由下式给出：

$$I(f_D) = \frac{(信号/杂波)_{out}}{(信号/杂波)_{in}} \quad (2.23)$$

和

$$I(f_D) = \frac{(信号)_{out}}{(信号)_{in}} \cdot CA \text{（线性接收机）} \quad (2.24)$$

对 2 脉冲对消器的平均改善因子（频率平均值）定义为杂波衰减，并由下式给出：

$$I_2 = CA \approx [2(\pi\sigma_f T)^2]^{-1} = (PRF/\sigma_f)^2/19.75 \quad (2.25)$$

式中：σ_f、T 和 PRF 分别是杂波频谱宽度、脉冲重复间隔（PRI）与脉冲重复频率。对于三脉冲对消器，CA 由以下公式给出：

$$I_3 \approx \left(\frac{PRF}{\sigma_f}\right)^4 \Big/ 780 \quad (2.26)$$

广义 MTI 对消器传递函数由下式给出：

$$H_M(f) = g_M [1 - \exp(-j2\pi f_D T)]^M \quad (2.27)$$

或者

$$H_M(f) = g_M \sum_{m=0}^{M} (-1)^m \binom{M}{m} \exp(-jm2\pi f_D T), \quad \binom{M}{m} = 二项式系数$$

(2.28)

其中 $M=1,2,3$ 和 4 的权重为

$$\begin{aligned} M&=1 \Rightarrow (1,-1) \\ M&=2 \Rightarrow (1,-2,1) \\ M&=3 \Rightarrow (1,-3,3,-1) \\ M&=4 \Rightarrow (1,-4,6,4,-1) \end{aligned}$$

(2.29)

这些对应于 $M=1$：单延迟或双脉冲对消器；$M=2$：双延迟或三脉冲对消器；$M=3$：3 延迟或 4 脉冲对消器；$M=4$：4 延迟或 5 脉冲对消器。对于所有情况，权重之和为零确保在零多普勒下的响应为零。在许多应用中，具有重频参差的三脉冲对消器可以满足杂波消除的要求。

当杂波为非平稳的，如高海况下的海杂波或中强风下的雨杂波时，平均多普勒频移远高于零频。对于这些类型的杂波，由于杂波频谱不在对消器陷波中心，MTI 对消器不起作用。

替代 MTI 对消器的波形和处理方法是在距离匹配滤波器之后使用多普勒滤波器组来处理脉冲多普勒（PD）波形（N 脉冲相干）。PD 波形与简单的 MTI 波形和相关的对消器相比，优点如下。

（1）对目标接收处理接近理论上相对于噪声的最佳信噪比增益（N^2 对 N）。

（2）使用多普勒滤波器组处理的 PD 波形可用于非零或频偏多普勒杂波。

（3）当使用多普勒滤波器组时，可使用更多自由度来调制控制有效传递函数 $H(f)$。

多普勒滤波器组的最简单实现是多普勒域中 FFT（快速傅里叶变换）的输出，该输出可以由脉冲串的距离单元采样以及匹配滤波器输出子脉冲来进行计算。窄带目标将"整合"在一个（或 2 个或 3 个）多普勒滤波器中。通常，一个多普勒滤波器将包含目标大部分能量。图 2.8 显示了 PD 波形及其处理。

虽然介绍了 PD 波形和多普勒处理的优点（即相干的目标增益、抑制非零多普勒杂波），然而，仍然需要对于多普勒处理相关联的特定"后处理"来进行说明。

首先，需要某种形式的自动检测处理。为此，采用恒虚警率（CFAR）处理器来实现这一目的。典型的配置方法是在每个多普勒滤波器之后再使用 CFAR 处理器。其次，对于后续目标回波，必须识别并忽略由杂波为主的滤波器。杂波自动检测方法是基于 CFAR 背景估计，以及包含杂波（如使用杂波图）有可能的滤波器（频率或"速度"似然）的先验知识。

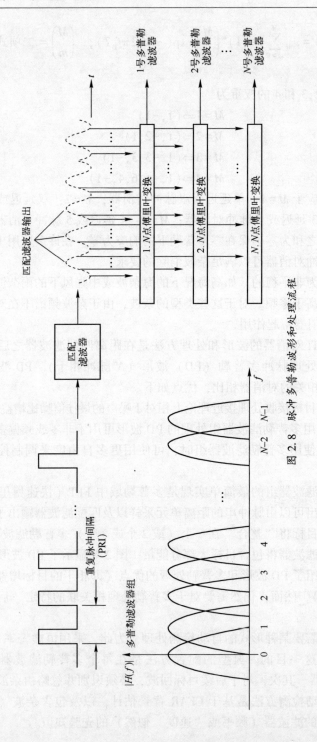

图 2.8 脉冲多普勒波形和处理流程

通常情况下，零阶滤波器和 $N-1$ 阶滤波器主要由静止杂波主导，尤其是在低海拔地区。运动杂波（如高海况下的海杂波、阵雨等）通常发生在较低阶和（对称地）较高阶的多普勒滤波器中。

2.5 多脉冲检测

前一节讨论了利用多个脉冲以及 MTI 或脉冲多普勒信号处理方法检测杂波中的目标。然而，通常需要对多个脉冲进行积累以将信噪比提高到足以检测弱目标或长斜距目标的水平。本节介绍 3 种多脉冲检测技术：二进制（或 M/N）积累；非相干积累；相干积累。

2.5.1 二进制积累

该技术定义一个检测准则，在 N 个机会中至少检测 M 次，通过使用多个脉冲来增加检测概率。这项技术以增加虚警概率的代价来提高可检测性。当采用该技术时，有效检测概率由下式给出：

$$P_{\text{D }M\text{-out-of-}N} = \sum_{m=M}^{N} \left(\frac{N!}{(N-M)!m!} \right) (P_{\text{D}})^m (1-P_{\text{D}})^{N-m} \tag{2.30}$$

对于 $M=1$ 的特殊情况，式 (2.30) 简化为

$$P_{\text{D }M\text{-out-of-}N} = 1-(1-P_{\text{D}})^N \tag{2.31}$$

由于在使用该技术时存在 N 次虚警，因此，M/N 检测的虚警概率由下式给出：

$$P_{\text{FA }M\text{-out-of-}N} = NP_{\text{FA}} \tag{2.32}$$

2.5.2 非相参积累

第二种多脉冲检测是非相参积累。在应用式 (2.1) 中的阈值检测之前，该技术以均方根（RMS）的方式增加脉冲。与下一节中描述的相干积累方法相比，当在合理 SNR 下为起伏目标增加脉冲时，该方法是有益的。此外，由于该技术不使用相位信息，因此，非相干积累可与频率分集结合使用，如 2.3 节所述，频率分集可提高 Swerling 目标模型的可检测性。

由于对非相干积累中目标回波的均方根相加，积累回波的有效信噪比近似为

$$\text{SNR}_{\text{NCI}} \approx \sqrt{\sum_{i=1}^{N} \text{SNR}_i} \tag{2.33}$$

式中：SNR_i 是发送脉冲序列回波中的第 i 个信号的信噪比。当各个回波的 SNR 近似相等时，式 (2.34) 变成

$$\text{SNR}_{\text{NCI}} \approx \sqrt{N}\,\text{SNR}_1 \tag{2.34}$$

式中：SNR_1 是每个回波的 SNR。相对于单脉冲检测而言，式（2.34）是非相干积累预期得益的经验法则。现在，由于每个回波的噪声分量在均方根意义上相加，有效 P_{FA} 由下式给出：

$$P_{\text{FA NCI}} = \sqrt{N}\,P_{\text{FA 1}} \tag{2.35}$$

式中：$P_{\text{FA 1}}$ 是每个回波的虚警概率。

2.5.3 相参积累

第三种类型的多脉冲检测是相干积累。在应用式（2.1）中的阈值检测之前，该技术将脉冲作为带有相位信息的电压值相加。等价地，相干积累可以被认为是多回波的向量叠加。然而，由于相位信息在这项技术中使用，相干积累不能与频率分集结合使用，这会破坏回波之间的相干性。此外，这种积累方式还受到相干时间的限制，相干时间是雷达硬件和目标保持相干的很短时间。在大多数情况下，目标相关时间常数是限制性因素。

由于相干积累中目标回波向量相加，积累回波的有效 SNR 近似为

$$\text{SNR}_{\text{CI}} \approx \sum_{i=1}^{N} \text{SNR}_i \tag{2.36}$$

式中：SNR_i 是发送脉冲序列回波中的第 i 个信号的 SNR。当回波的 SNR 近似相等时，式（2.36）变为

$$\text{SNR}_{\text{NCI}} \approx N\,\text{SNR}_1 \tag{2.37}$$

式中：SNR_1 是每个回波的 SNR。相对于单脉冲检测而言，式（2.37）是相干积累预期得益的经验法则。现在，由于每个回波的噪声分量在均方根意义下再次相加以进行相参积累，有效 P_{FA} 由下式给出：

$$P_{\text{FA NCI}} = \sqrt{N}\,P_{\text{FA 1}} \tag{2.38}$$

式中：$P_{\text{FA 1}}$ 是每个回波的虚警概率。这和非相参积累结果一样。

2.6 参 考 文 献

[1] A. Papoulis, *Probability, Random Variables, and Stochastic Processes*, McGraw-Hill, 1965
[2] D. K. Barton, *Modern Radar System Analysis*, Artech House, 1988
[3] D. K. Barton, *Radar System Analysis and Modeling*, Artech House, 2004
[4] H. Van Trees, *Detection, Estimation and Modulation Theory, Part 1*, Wiley-Interscience, 2001

[5] J. DiFranco & W. Rubin, *Radar Detection*, SciTech, 2004
[6] E. Brookner, *Aspects of Modern Radars*, Artech House, 1988
[7] N. Levanon, *Radar Principles*, Wiley-Interscience, 1988
[8] R. Nitzberg, *Radar Signal Processing and Adaptive Systems*, 2nd Edition, Artech House, 1999
[9] M. Skolnik, *Introduction to Radar Systems*, 3rd Edition, McGraw-Hill, 2002
[10] M. Skolnik, *Radar Handbook*, 2nd Edition, McGraw-Hill, 1990
[11] S. Haykin & A. Steinhardt, *Adaptive Radar Detection and Estimation*, Wiley, 1992

2.7 问　　题

1. 假设一个雷达采用固定噪声阈值的方法来控制虚警概率。计算阈值与噪声的比值，当虚警概率为 10^{-M}，其中 $M = 3$、4 和 5 时，注意到：

$$\left(\frac{V_T^2}{2\sigma^2}\right) = -\ln P_{FA}$$

式中：$2\sigma^2$ 是匹配滤波器输出端的噪声功率。

2. 假设一个雷达由于压制性噪声干扰性能下降。雷达接收机系统噪声 (kT_sB) 为 -143dBm，干扰机有效功率 (P_JG_J) 为 10W，雷达天线孔径为 0.01m^2（相当于 -30dB 的副瓣），干扰机在 1000km 时，虚警概率为问题 1 所计算的数值，请计算阈值。如果在指定目标斜距上具有干净的区域（即无干扰区域），信噪比为 15dB，对于斯威林 I 型目标模型，请计算有干扰和无干扰条件下雷达的检测概率。

$$N_{\text{effective}} = kT_sB_r + \frac{P_JG_JA_r'}{(4\pi R_J)^2}$$

3. 虚警概率为 $P_{FA} = 10^{-6}$ 时，对于 Swerling III 型目标，当信噪比为 10dB、15dB、20dB 时，分别计算检测概率。对于 Swerling III 型目标，RCS 波动公式为

$$P_{D\,SW\,III} = \left[\frac{2}{(2+\overline{SNR})^2}\right]\left[2+((V_T/\sigma)^2/2)\overline{SNR} + \overline{SNR}^2/2\right]\exp\left[-\left(\frac{V_T}{\sigma}\right)^2\bigg/(1+\overline{SNR}/2)\right]$$

试比较相同的信噪比和虚警概率下，Swerling I 型目标的检测概率。

4. 假设一个雷达峰值功率为 100kW，发射天线增益为 45dB，天线孔径为 10m^2，雷达接收机的系统噪声为 -143dBm，发射和接收的损耗均为 3dB，目标斜距为 500km，RCS 为 0dBsm。接收功率与天线孔径的关系如下式所示：

$$P_{rec} = \frac{P_tG_t\sigma A_r}{(4\pi R^2)^2 L_t L_r}$$

面杂波信杂比的表达式为

$$\text{SCR} = \left(\frac{A_r}{A'_r}\right)^2 \cdot \left(\frac{R_c^3}{R^4}\right) \cdot \left(\frac{\sigma}{\sigma° \left(\frac{c\tau}{2}\right)\tan\phi\, \theta_{AZ}}\right)$$

请计算 SNR 和 SCR 在不同 $\sigma°$（10^{-M}）的值，其中 $M=4$、5 和 6，杂波距离为 20km，脉冲长度为 10μs，俯仰角（ϕ）为 6°（与 -20dB 天线副瓣重合），波束宽度为 4°、3dB 方位波束宽度。

5. 对于频谱宽度为 3dB 的 5Hz、10Hz、15Hz 杂波，计算杂波通过两脉冲和三脉冲 MTI 对消器实现的衰减，PRF 为 750Hz，其中

$$I = CA$$

$$I_2 \approx [2(\pi\sigma_f T)^2]^{-1} = \frac{\left(\frac{\text{PRF}}{\sigma_f}\right)^2}{19.75}$$

$$I_3 \approx \frac{\left(\frac{\text{PRF}}{\sigma_f}\right)^4}{780}$$

其中

$$\sigma_f = 杂波的\ 1\text{-sigma}\ 光谱宽度(\text{Hz})$$
$$\text{PRF} = 脉冲重复频率(\text{Hz})$$
$$T = 脉冲重复间隔 = \frac{1}{\text{PRF}}(\text{s})$$

6. 根据问题 1 计算得到的 SCR，采用三脉冲 MTI 对消器，假设杂波频谱宽度为 5Hz 和 10Hz 时，PRF 均为 750Hz，请计算改进后的 SCR 分别为多少？接着计算检测概率，假设 P_{FA} 为 10^{-6}，采用 Swerling I 型目标模型，使用 MTI 对消器后（使用针对问题 1 计算的 SNR），得到 SNR 和 SCR。比较该结果与无干扰环境下（即只有噪声）的检测概率。

注意到两者之间的关系为

$$\frac{S}{C+N} = \frac{1}{\frac{1}{\text{SCR}} + \frac{1}{\text{SNR}}} = \frac{\text{SNR} \cdot \text{SCR}}{\text{SNR} + \text{SCR}}$$

试讨论，两个场景中哪个场景是杂波限制，哪个场景是噪声限制？

7. 如果每一个三脉冲发射接收的回波中就有一个 Swerling I 型目标，理想的虚警概率为 10^{-6}，在采用相干检测和 1/3 检测方法，且 SNR 分别为 5dB 和 15dB 时，请计算检测概率分别为多少？

第3章 波形、匹配滤波和雷达信号处理

3.1 引　言

本章描述了雷达采用的波形，介绍了最佳匹配滤波器的概念，讨论了相控阵雷达常用的几种信号处理方式。主题包括以下几方面。

（1）波形的复数表示。
（2）雷达信号的傅里叶变换及其性质。
（3）匹配滤波器。
① 简单脉冲连续波（CW）。
② 线性调频（LFM）。
③ 相位编码调制。
④ 模糊函数和图表。
（4）信号处理的实现。
① 全距离数字脉冲压缩。
② 线性调频信号的频谱分析或拉伸处理。
③ 相位编码处理。
④ 恒虚警率（CFAR）检测处理。
⑤ 单脉冲处理。

本书中有很多关于这些主题的优秀参考文献。参考文献[1-2, 10, 12]作为基本背景知识，参考文献[5-9, 11, 13, 15]则具体涉及信号理论和信号处理。

3.2 波形的复数表示

波形的数学表达式为

$$l(t) = r(t)\cos[2\pi f_0 t + \theta(t)] \tag{3.1}$$

式中：$r(t)$、f_0 和 $\theta(t)$ 分别是包络调制、工作或中心频率与相位调制[6,8]。用指数表示余弦得到：

$$l(t) = r(t)\{\exp(j[2\pi f_0 t + \theta(t)]) + \exp(-j[2\pi f_0 t + \theta(t)])\}/2 \qquad (3.2)$$

式中：$l(t)$ 和第一个式子表示的一样，仍然是实数。

复数表示形式可以表述为

$$v(t) = r(t)\exp\{j[2\pi f_0 + \theta(t)]\} \qquad (3.3)$$

注意：

$$s(t) = v(t)\exp[-j(2\pi f_0 t)] = r(t)\exp[j\theta(t)] \qquad (3.4)$$

式中：$s(t)$ 称为原始波形 $l(t)$ 的"复包络"。对于窄带信号，$s(t)$ 是 $l(t)$ 的近似表示，对于大多数雷达信号分析来说已经足够接近了。

真正的波形复包络是用希尔伯特变换定义的。还要注意：

$$l(t) = \frac{1}{2}\text{Re}\{r(t)\exp\{j[2\pi f_0 + \theta(t)]\}\} \qquad (3.5)$$

式（3.3）~式（3.5）中的复数表示和波形复包络对分析信号处理效果很有用，换句话说就是：

(1) 使用波形复包络信号 $s(t)$ 进行计算；
(2) 在其他"杂乱"的数学变换完成之后，转换回实值波形，如 $l(t)$。

3.3 傅里叶变换

傅里叶变换和变换理论对于处理波形和信号处理是很有用的。傅里叶变换被定义用于有限能量信号（即对信号 $x(t)$ 而言，$\int |x(t)|^2 dx$ 必须是有限的）[8]。注意：这与傅里叶级数不同，在傅里叶级数中，信号的能量是无限的，但功率是有限的。

傅里叶变换定义为

$$X(f) = \int_{-\infty}^{\infty} x(t)\exp(-j2\pi ft)\,dt \qquad (3.6)$$

其傅里叶逆变换为

$$x(t) = \int_{-\infty}^{\infty} X(f)\exp(j2\pi ft)\,df \qquad (3.7)$$

例如，如果 $x(t)$ 定义为

$$x(t) = \begin{cases} 1, & |t| \leq \tau/2 \\ 0, & |t| > \tau/2 \end{cases} \qquad (3.8)$$

其傅里叶变换为

$$X(f) = \int_{-\tau/2}^{\tau/2} \exp(-j2\pi ft) dt = \tau \sin(f\pi t)/(f\pi t) \equiv \text{sinc}(f\tau) \quad (3.9)$$

对于时移和频移，一些重要和有用的傅里叶变换性质为

$$\begin{aligned} x(t) &\Leftrightarrow X(f) \quad (\text{其中} \Leftrightarrow \text{表示傅里叶变换}) \\ x(t-t_0) &\Leftrightarrow \exp(-j2\pi ft_0) X(f) \\ X(f-f_0) &\Leftrightarrow \exp(j2\pi f_0 t) x(t) \end{aligned} \quad (3.10)$$

与自相关（或互相关）有用的傅里叶变换性质为

$$R_x(\tau) = \int_{-\infty}^{\infty} x(t) x^*(t-\tau) dt \quad \left(\text{或 } R_x(\tau) = \int_{-\infty}^{\infty} |x(f)|^2 \exp(j2\pi f\tau) df\right)$$
$$(3.11)$$

同样，常用狄拉克 δ 函数的变换性质，δ(t) 为

$$\begin{aligned} f(0) &= \int_{-\infty}^{\infty} f(t) \delta(t) dt \quad \Rightarrow \quad I(f) = \int_{-\infty}^{\infty} \delta(t) \exp(-j2\pi t) dt \\ f(t_0) &= \int_{-\infty}^{\infty} f(t) \delta(t-t_0) dt \quad \Rightarrow \quad \delta(t) = \int_{-\infty}^{\infty} \exp(j2\pi ft) df \end{aligned} \quad (3.12)$$

3.4 匹 配 滤 波

考虑一个具有脉冲响应 $h(t)$，输入 $s(t)$ 的滤波器的输出：

$$l_0(t) = \int_{-\infty}^{\infty} s(t) h(\tau - t) dt \quad (3.13)$$

利用傅里叶逆变换，式（3.13）可表示为

$$l_0(t) = \int_{-\infty}^{\infty} H(f) S(f) \exp(j2\pi ft) df \quad (3.14)$$

在白噪声中最大化输出信噪比的最佳滤波器称为 $s(t)$ 的"匹配滤波器"，记作 $h_{MF}(t)$ 或在频域表示为 $H_{MF}(f)$。匹配滤波器脉冲响应由参考文献 [6] 给出：

$$h_{MF}(t) = g^* s^*(-t) \Leftrightarrow H_{MF}(f) = gS^*(f) \quad (3.15)$$

式中：g 是一个复常数。

输入 $s(t)$ 的匹配滤波器输出为

$$l_{MF}(t) = \int_{-\infty}^{\infty} h(x) s(t-x) dx = \int_{-\infty}^{\infty} h(t-y) s(y) dy = \int_{-\infty}^{\infty} s^*(t'-t) s(t') dt'$$
$$(3.16)$$

或

$$l_{MF}(t) = \int_{-\infty}^{\infty} s(t) s^*(t-\tau) dt \quad (3.17)$$

式（3.17）为 $s(t)$ 与 $s^*(t)$ 的互相关。如果输出噪声功率 $P_{噪声}$，定义为

$$P_{噪声} = \left(\frac{N_0}{2}\right) \int_{-\infty}^{\infty} |H_{MF}(f)|^2 df \quad (3.18)$$

则匹配滤波器输出的信噪比为

$$SNR_{MAX} = \int_{-\infty}^{\infty} |S(f)|^2 df \Big/ \left(\frac{N_0}{2}\right) \quad (3.19)$$

由于匹配滤波器的输出为

$$l_{MF}(t) = \int_{-\infty}^{\infty} s(t) s^*(t-\tau) dt \quad (3.20)$$

它可以等价地表示为

$$l_{MF}(t) = \int_{-\infty}^{\infty} S^*(f) S(f) \exp(j2\pi f t) df \quad (3.21)$$

式（3.21）的概念图如图 3.1 所示。这是一个匹配滤波器的频域实现，相当于一个时域相关器。

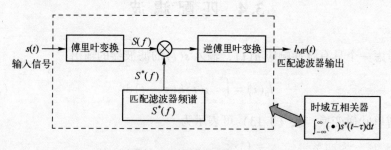

图 3.1　匹配滤波器概念框图

考虑一个矩形脉冲：

$$s(t) = \text{rect}\left(\frac{t}{\tau}\right) \Rightarrow$$

式（3.20）的匹配滤波器输出为

$$l_{MF}(t) = \int_{-\infty}^{\infty}(t)s^*(t-\tau)\mathrm{d}t = \int_{-\infty}^{\infty}\mathrm{rect}\left(\frac{t}{\tau}\right)\mathrm{rect}^*\left(\frac{t-\tau}{\tau}\right)\mathrm{d}t$$

$$= F^{-1}\left\{F\left\{\mathrm{rect}\left(\frac{t}{\tau}\right)\right\}F\left\{\mathrm{rect}\left(\frac{t-\tau}{\tau}\right)\right\}\right\} = F^{-1}\{\tau^2\mathrm{sinc}^2(ft)\} \quad (3.22)$$

$$= \tau^2\mathrm{triang}\left(\frac{t}{2\tau}\right) \Rightarrow$$

如果信号有电压谱：

$$E_0(f) = [\sin(\pi fB)/(\pi fB)]^2 \overset{F}{\Leftrightarrow} \mathrm{rect}(Bt) * \mathrm{rect}(Bt)$$

$$l_o(t) = \mathrm{triang}(Bt) \Rightarrow \quad (3.23)$$

等幅线性调频脉冲的复包络为

$$s_{\mathrm{LFM}}(t) = \exp(\mathrm{j}\pi kt^2), \quad 0 \leqslant t \leqslant \tau \quad (3.24)$$

式中：瞬时频率定义为

$$f(t) = \left(\frac{1}{2\pi}\right)\frac{\mathrm{d}\phi}{\mathrm{d}t} = kt \quad (3.25)$$

其最大值为

$$\Delta = k\tau \quad (3.26)$$

线性调频信号匹配滤波器输出可计算为

$$l_{\mathrm{MF}}(t) = \mathrm{triang}\left(\frac{t}{\tau}\right)[\sin\pi\Delta t(1-|t|/t)]/[\pi\Delta t(1-|t|/\tau)] \quad (3.27)$$

其"压缩"脉冲宽度近似为 $1/\Delta$ 并且在输出的主瓣附近，时间响应近似为 $\sin x/x$。图 3.2 说明了线性调频信号波形的频谱。该谱的复共轭就是匹配滤波器频率响应。

线性调频信号波形谱为

$$S(f) = \int_{-\infty}^{\infty}\exp(\mathrm{j}\pi kt^2)\exp(-\mathrm{j}\pi ft)\mathrm{d}t \quad (3.28)$$

其中

$$|S(f)| \approx \mathrm{rect}\left(\frac{f}{\Delta}\right) \quad (3.29)$$

相位为

$$\phi(f) \approx (2\pi f^2)/4\pi k \quad (3.30)$$

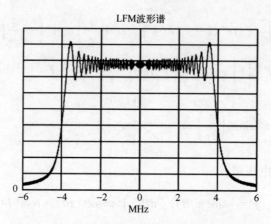

图 3.2 线性调频信号频谱（由 D. P. Harty 提供）

因此，有

$$|S(f)| \approx \mathrm{rect}\left(\frac{f}{\Delta}\right)\exp[\mathrm{j}\phi(f)] \tag{3.31}$$

这样，大时宽带宽的线性调频波形匹配滤波器的输出近似为

$$H(f) = \mathrm{rect}\left(\frac{f}{\Delta}\right)\exp[-\mathrm{j}\phi(f)] \tag{3.32}$$

和

$$E_{\mathrm{out}}(f) \approx \mathrm{rect}\left(\frac{f}{\Delta}\right) \overset{F}{\Leftrightarrow} l_{\mathrm{out}}(t) \approx c\,\frac{\sin(\pi\Delta t)}{\pi\Delta t} \tag{3.33}$$

3.5 波形模糊图

模糊图是一个三维的图表，它显示了用匹配滤波器脉冲响应的固定参考信号与频移信号进行卷积的结果。多普勒频移信号表示运动物体的回波波形（关于这个主题的更多内容详见参考文献 [6，12，16]）。

模糊图描述了波形的两个重要特性：在距离和多普勒上分辨目标的固有能力的信息。模糊图的形状表明了波形是如何确定出目标的距离和速度的。图的横轴标记为距离（或时间延迟）多普勒频率，垂直轴表示分贝（dB）大小。

LFM 脉冲的模糊图如图 3.3 所示。图中显示了 LFM 信号波形固有的距离-多普勒耦合。

第3章 波形、匹配滤波和雷达信号处理

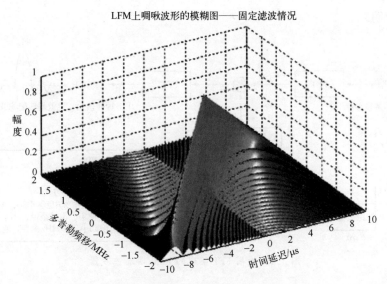

图3.3 LFM波形的模糊图（由D.P. Harty 提供）

3.6 快速傅里叶变换

快速傅里叶变换（FFT）是离散傅里叶变换的一种有效实现。参考文献[7-9]可更好地了解快速傅里叶变换。这里只介绍概念。快速傅里叶变换定义为

$$A(k) = \sum_{n=0}^{N-1} \alpha_n e^{2\pi jnk/N} \quad (3.34)$$

"Cooley-Tukey" FFT算法首先按位反转顺序重新排列输入元素，然后构建输出变换（时间抽取）。利用i代替式（3.34）中的j，将长度N的一个变换分解为两个长度N/2的变换来实现效率：

$$\sum_{n=0}^{N-1} \alpha_n e^{-2\pi ink/N} = \sum_{n=0}^{N/2-1} \alpha_{2n} e^{-2\pi i(2n)k/N} + \sum_{n=0}^{N/2-1} \alpha_{2n} \\
= \sum_{n=0}^{N/2-1} \alpha_n^{偶数} e^{-2\pi ink/(N/2)} + e^{-2\pi ik/N} \sum_{n=0}^{N/2-1} \alpha_n^{奇数} e^{-2\pi} \quad (3.35)$$

3.7 匹配滤波器的数字化实现

图3.1可以使用FFT对离散时间的采样数据进行实现[7-9]。图3.4对此进

行了说明。

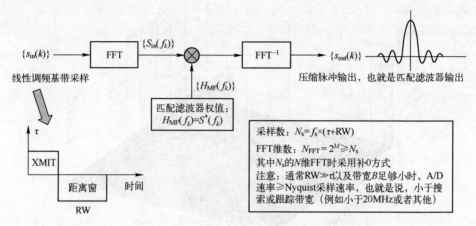

图 3.4 使用 FFT 实现的 LFM 匹配滤波器

注意：图 3.4 是一种全距离线性调频脉冲压缩方法的数字实现。当带宽过大，无法达到或高于奈奎斯特（Nyquist）速率进行采样时，不能使用这种方法。在这些情况下，可以使用一种称为"频谱分析"的"拉伸"处理技术，见参考文献［14］，如图 3.5 所示。

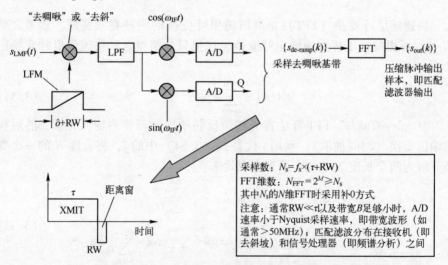

图 3.5 线性调频信号匹配滤波的拉伸或频谱分析

在可实现的模数转换器（A/D）采样率（和比特数）和要处理的距离窗口大小（在前面图中的 RW）之间存在折中，其中距离窗是距离空间的一部分，脉冲可以在其上进行压缩或匹配滤波。

对于非常大的 LFM 信号带宽要求，由于 A/D 不能以要求的奈奎斯特速率或更高的速率运行，因此无法足够快地采样脉冲。因此，对于超宽带的波形，全距离的数字脉冲压缩（即双通道 FFT 处理）不能使用。这就是使用频谱分析类型技术（或"拉伸"处理）的原因，包括可以使用较低 A/D 速率的一次 FFT 处理实现，但仅限于较小的距离窗口（见参考文献 [14]）。

当线 LFM 带宽在当前可实现的 A/D 参数范围内（采样率、比特数），则进行全距离处理（即大 RW）是可行的，并且通常也是这样使用。然而，较大的 RW 确实需要较大的 FFT 规模和相关的处理量需求。由于这些原因，双通道 FFT 方法通常只用于以下情况。

(1) 当需要大范围搜索时（如线性调频信号带宽≤1MHz）。

(2) 当需要大范围跟踪时（如线性调频信号带宽 5~20MHz）。

当跟踪带宽只有 10MHz 或 20MHz，但只需要一个小的距离窗口（如距离不确定性相对较小的重新截获或其他功能）时，那么，"拉伸"甚至可以用于低带宽波形。一些雷达采用两种类型的跟踪处理：

(1) 使用双通道（全距离处理）的大 RW 类型（需要更大规模的 FFT）。

(2) 使用"拉伸"（需要更小规模的 FFT）的小 RW 类型——这样允许进行更多的跟踪处理。

3.8 相位编码波形

LFM 波形通过模拟调制（或连续调制）实现宽宽带。相位编码波形采用离散相位编码方法获得宽带宽。一般的相位编码波形如图 3.6 所示。

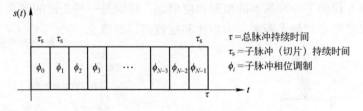

图 3.6 相位编码波形图

相位 ϕ_i 可以从一组长度 N 的离散集合中选择，其中 $N=2^m$，$m=1,2,3,\cdots,M$。$N=2$ 时是波形二相，$N=4$ 时为四相，以此类推。

对二相位编码，有

$$\phi_i = \{0, \pi\} \qquad (3.36\text{-}1)$$

对四相位编码，有

$$\phi_i = \left\{ 0, \frac{\pi}{2}, \pi, \frac{3\pi}{2} \right\} \qquad (3.36-2)$$

匹配滤波器的定义也适用于离散形式的相位编码波形。因此，积分变成求和，卷积积分被离散相关函数代替：

$$l_{\text{out}}(k) = \sum_{k=1}^{n} s(k)^* s(n-k) \qquad (3.37)$$

式（3.37）的相关函数可以用抽头延迟线（TDL），其中抽头权值为时间反相调制，如图3.7所示。

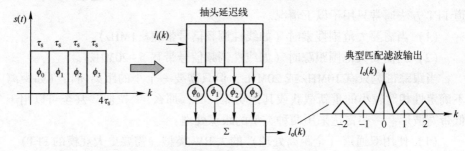

图 3.7　相位编码波形匹配滤波器

相位编码波形的等效带宽 B_e 定义为

$$B_e \approx \frac{1}{\tau_s} \qquad (3.38)$$

3.9　波形调度

图3.8说明了一些基本的波形调度概念，特别是一些关键的定义。具体而言，定义了最小和最大距离、占空比和接收窗口的概念。

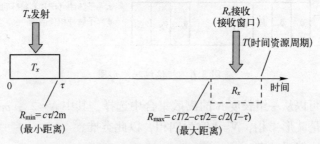

图 3.8　波形调度的概念和定义

图 3.9 说明了时间轴占用率的重要概念。占用率可以被认为是雷达资源，就像占空比一样。事实上，这两个量通常是由雷达资源管理器和调度程序函数"管理"的。

图 3.9 底部的示例表示脉冲重复频率（PRF）为每秒 25 脉冲或每秒 25 波束的雷达。在下列情况下，雷达被界定为"占用受限"，以便进行指定的搜索：

$$\overbrace{\frac{\psi}{\Omega T_{sc}}}^{需要的} > \overbrace{PRF}^{存在的} \qquad (3.39)$$

式中：ψ 是以 rad^2 为单位的立体搜索量；Ω 是以 rad^2 为单位的雷达天线波束面积；T_{sc} 是指定的扫描或搜索帧时间；PRF 是脉冲重复频率。

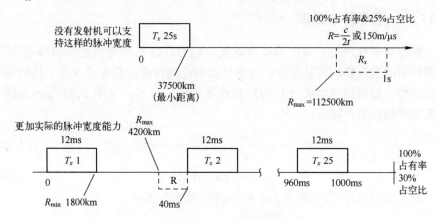

图 3.9 雷达时间轴占用概念的说明

3.10 波形与雷达功能

常用雷达功能的波形如下。

（1）搜索。

① 未编码连续波。

② 窄带线性调频（LFM）。

③ 500kHz～1MHz 带宽（即非常窄带）。

（2）跟踪起始/跟踪持续。

① LFM。

② 5～20+MHz 带宽（即窄带）。

(3) 目标分类。
① LFM。
② 大带宽。

可以看出，搜索时通常使用非常窄带波形，跟踪时使用窄带波形，目标分类时使用宽带波形。

3.11 其他雷达信号处理功能

本节除前面介绍的波形匹配滤波外，还介绍了两个信号处理函数。下面将介绍恒虚警率（CFAR）和单脉冲处理。

3.11.1 恒虚警率处理

恒虚警率处理是一种信号处理算法，它为目标的回波设置检测阈值[6,17]。检测阈值的选取影响雷达系统的虚警性能和检测性能。在无杂波和干扰的热噪声环境中，检测阈值由式（3.40）和式（3.41）计算。其中 P_{FA} 和 $2\sigma^2$ 分别为虚警概率和热噪声功率：

$$P_{FA} = \int_{-V_T}^{\infty} \frac{\alpha}{\sigma^2} e^{-(\alpha/\sigma)^2/2} d\alpha = e^{-\frac{V_T^2}{2\sigma^2}} \quad (3.40)$$

$$V_T^2 = -2\hat{\sigma}^2 \ln P_{FA} \quad (3.41)$$

图 3.10 为与随机热噪声大小相关的瑞利概率密度。

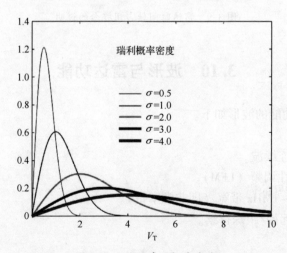

图 3.10 热噪声的概率密度

第3章 波形、匹配滤波和雷达信号处理

然而，在大多数实际应用中，噪声功率既不精确也不恒定。这需要在使用背景噪声的测量值计算阈值之前估计局部（距离和角度）噪声本底。

当环境由噪声加上均匀或非均匀杂波和/或干扰组成时，需要对背景干扰进行估计。CFAR 处理器被设计用来执行这些功能，也就是说，估计背景干扰水平并"偏置"它，以实现所需的 P_FA。

图 3.11 描述了一个单元平均 CFAR 的例子，称为 CA-CFAR。图 3.12 描述了 CFAR 的一般配置。接收到的目标回波被放大（线性或对数）、检测，然后通过抽头延迟线。通常，"早期"和"后期"的背景噪声或干扰级别是使用与某些组合逻辑（通常可选择）一起使用的"后期"和"早期"TDL 单元来估计的。将"待测单元"（CUT）与使用"有偏"噪声/干扰估计的计算阈值进行比较，以获得所需的 P_FA。

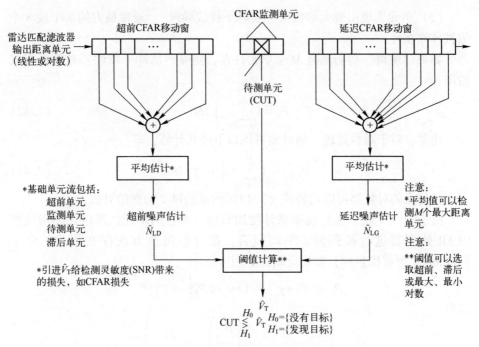

图 3.11 单元平均 CFAR（CA-CFAR）示例

CFAR 最常见的形式是单元平均型（即 CA-CFAR）。通常，"早期"和"后期"单元用于计算早期和后期"窗口"噪声平均值。这些可能是简单的算术平均值，或者它们可能试图从计算的平均值中排除一些单元。通常被排除的单元包括：

（1）CUT 两侧的单元（如 1~3 个）；

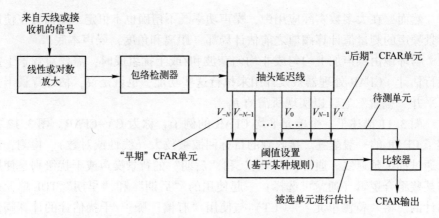

图 3.12 通用 CFAR 处理器框图

(2) 单元表现出较大的数值（尖峰干扰或噪声），通常最大的 2 个或 3 个值被排除在外。

如果"编辑"后仍然有 M 个单元存在，则噪声估计（线性）处理由下式给出：

$$\overline{P}_r = \Big(\sum_{m=1}^{M} q_m\Big) \Big/ M \tag{3.42}$$

注意：对于对数处理，估计则可用以下公式计算，即

$$\overline{P}_{r-\log} = \Big(\sum_{m=1}^{M} \log_2 q_m\Big) \Big/ M \tag{3.43}$$

任何底的对数都可以代替式（3.43）所示的以 2 为底的对数。

由于噪声（或干扰）功率估计使用有限（M）的单元，所以在使用线性 CFAR 处理器进行检测时，平均而言，在可检测性方面存在损失。对于 Swerling I 型起伏目标，损失反映在 P_D 中：

$$P_D = \{(1+\gamma_a)/[1+\gamma_a+(P_{FA}^{-\frac{1}{M}}-1)]\}^M$$

其中

$$\gamma_a = \frac{\ln\left(\dfrac{P_{FA}}{P_d}\right)}{\ln(P_D)} \tag{3.44}$$

这可以与 Swerling I 型起伏目标理想的噪声 P_D 进行比较：

$$P_D = (P_{FA})^{\frac{1}{1+SNR}} = (P_{FA})^{\frac{1}{1+\gamma_a}} \tag{3.45}$$

因此，M 单元估计的信干噪比（SINR）为

$$\gamma_a(M) = [(P_D/P_{FA})^{\frac{1}{M}}-1]/(1-P_D^{\frac{1}{M}}) \tag{3.46}$$

$\gamma_a(M)$ 和理想值 $\text{SNR} = \dfrac{\ln(P_{\text{FA}})}{\ln(P_{\text{D}})} - 1$ 的区别称为 CFAR 损失（均匀环境下），以 dB 为单位近似为

$$L_{\text{CFAR}}(\text{dB}) = 10\lg[\gamma_a(M)/\gamma_a(\infty)] \tag{3.47}$$

在以前的均匀环境中，假设背景在统计上是"平坦"的，或者具有一个近似恒定的平均值，并且方差相对较小。然而，干扰背景通常由离散数值（如其他目标）、扩展杂波和其他离散回波组成。在这些环境中，实现的虚警概率会有所不同，有时与它们的期望值相差很大。此外，当使用更多数量的单元时，P_D 可能不会增加（即减少了 CFAR 损失）。

为了实现期望的 CFAR 虚警性能，需要使用其他技术。然而，这种性能是以更大的可检测性损失为代价获得的。非均匀环境的例子包括阶跃函数、斜坡（上升-恒定-向下）或梯形包络。

当背景发生显著变化时（如阶跃函数的转换、梯形形状的上升和下降），CA-CFAR 不能保持恒定的虚警性能。在非均匀背景下的 P_D，如杂波的"簇"，由下式给出：

$$P_D = \prod_{m=1}^{M} \{[1 + P_m(P_{\text{FA}}^{-\frac{1}{M}} - 1)]/[P_0(1+\gamma_a)]\}^{-1} \tag{3.48}$$

式中：P_0 为测试单元的总干扰功率；P_m 为参考单元 M 的总干扰。

注意：如果测试单元和参考单元都具有相同的功率，这将减少到前面的结果：

$$P_D = \{(1+\gamma_a)/[1+\gamma_a + (P_{\text{FA}}^{-\frac{1}{M}} - 1)]\}^M \tag{3.49}$$

由于背景干扰程度的急剧变化，线性 CFAR 虽然对于均匀背景是合理最优，但对于非均匀背景则是次优的。这种次优估计性能可以通过使用对数 CFAR 来改善。对于这种类型的 CA-CFAR，在干扰背景的"斜坡"或过渡部分，虚警概率与测试单元功率和斜坡斜率无关。

在均匀背景下，对数 CFAR 比线性 CA-CFAR 获得给定的 P_D 和 P_{FA} 所需的 SINR 要大。因此，几何平均（或对数 CA-CFAR）处理器表现出更高的 CFAR 损失。然而，在非均匀干扰背景下，较高的损耗与确保所需的 P_{FA} 性能是折中的。

虽然 CA-CFAR 在均匀噪声和干扰条件下是最优的，但几何平均 CFAR 的最优性尚不清楚。此外，实现"最佳"性能所必需的 CFAR 类型也因背景类型而异。为处理不同非均匀干扰而发展的替代 CFAR 包括：

(1) 最大值（GO-CFAR）；
(2) 次序统计量（OS-CFAR）；

(3) 截尾（已经讨论过）；

(4) 组合（上述形式与其他形式的组合）。

最大值 CFAR 使用"早期"和"后期"平均值中较大的一个来计算阈值。在均匀环境中使用时，这将导致 CFAR 损失的略有增加。

其他类型的不均匀性是在参考单元中存在额外的目标。含有 K 个额外目标的 M 单元 CA-CFAR，其结果为

$$P_D = [1 + k_a/(1+\gamma_A)]^{-(M-K)} [1 + k_a(1+\gamma)/1+\gamma_A]^{-K} \qquad (3.50)$$

式中：k_a 为自适应阈值的乘数；γ 为被测单元（CUT）的 SINR；γ_A 为额外目标的 SNR。参考单元中有多目标的存在导致更高的 CFAR 损失。可以通过使用几何平均、截尾（前面讨论过）、使用中值来形成阈值，或者更广泛地使用参考单元的任意阶统计量的倍数（OS-CFAR）来减少损失。对于 $P_{FA} = 10^{-6}$ 的 32 单元 CFAR 的 CFAR 损耗为

CA-CFAR	0.97dB	
GO-CFAR	1.13dB	
OS-CFAR（75% rank）	1.45dB	(3.51)
GO-OS-CFAR（75% rank）	1.66dB	
CA-CFAR，1 单元截尾	1.01dB	
CA-CFAR，2 单元截尾	1.06dB	

对于缓慢变化的杂波，可以对距离单元和角度单元计算平滑（递归）杂波图。对第 k 个单元格使用递归估计为

$$Q_k(m) = (1-w)Q_k(m-1) + wq_m(k) \qquad (3.52)$$

式中：$q_m(k)$ 为第 k 个单元幅度；w 为平滑权值；m 为"扫描"数目。对于这个杂波图估计，P_D 为

$$P_D = \prod_{r=0}^{\infty} [1 + k_c w(1-w)^r/(1+\gamma_a)]^{-1} \qquad (3.53)$$

式中：k_c 为给定 P_{FA} 的阈值倍数（γ_a 设置为零时进行迭代）。

采用组合技术的目的是降低 CFAR 的损失。有效地通过一种测量平均值与阈值（或其他规则）相比的切换 CFAR 类型，可以达到预期 P_{FA} 性能的最小损失。例如，将仅用于噪声的 CA-CFAR 与用于对多个目标的截尾 CFAR 相结合，或者与用于杂波"簇"的对数 CA-CFAR 相结合。

3.11.2 单脉冲处理

雷达使用的另一个关键技术是单脉冲。利用单脉冲提取角度信息测量目标回波[18]。最大似然估计角由下式给出：

$$\hat{\theta}_{\mathrm{ML}} = \frac{\theta_3}{k_\mathrm{m}} \mathrm{Re}\left\{\frac{\Delta}{\Sigma}\right\} \tag{3.54}$$

式中：θ_3 是天线 3dB 波束宽度；k_m 是单脉冲斜率；Σ 和 Δ 是天线和差通道电压；Re{ } 表示复数的实部。

单脉冲通过将二维接收天线分成方位角和仰角"象限"，并将它们组合起来估计角度位置实现此功能。利用 $e(\theta) = \Delta(\theta)/\Sigma(\theta)$ 会形成一个"误差"模式，如图 3.13 所示。

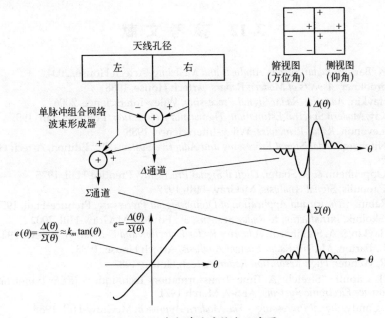

图 3.13　基本单脉冲技术示意图

$e(\theta)$ 的幅度和符号表明从目标到天线指向角的距离。

与单脉冲技术相关的热噪声限制的单 σ 精度是我们熟悉的 Cramer-Rao 边界：

$$\sigma_\theta = \frac{\theta_3}{k_\mathrm{m}} \cdot \frac{1}{\sqrt{2\mathrm{SNR}}} \tag{3.55}$$

式中：SNR 是匹配滤波器和单脉冲比较器输出的信噪比。

如果有两个或多个未分辨的目标在一个距离单元，但只要在 3dB 天线接收波束宽度内，复值单脉冲比就可以提供一个指示。为此，可以采用与用于目标检测的假设测试类似的方法：

$$\gamma_{\text{imaginary}} = \text{Im}\left\{\frac{\Delta}{\Sigma}\right\} \underset{H_0}{\overset{H_1}{\gtrless}} T_{\text{unresolved}} \tag{3.56}$$

式中：Im{ } 为复值量的虚部；H_0 和 H_i 分别是已分辨和未分辨目标的假设；$T_{\text{unresolved}}$ 是检验阈值。与目标检测问题类似，选择阈值来实现指定的虚假"未分辨"的指示概率。例如，超过阈值的目标回波的 $\gamma_{\text{imaginary}}$，不会被用于跟踪或识别，因为损坏的回波数据可能会降低雷达性能。

3.12 参 考 文 献

[1] D. K. Barton, *Radar System Analysis and Modeling*, Artech House, 2004
[2] E. Brookner, *Aspects of Modern Radars*, Artech House, 1988
[3] S. Haykin, *Adaptive Radar Signal Processing*, Wiley-Interscience, 2006
[4] S. Kay, *Modern Spectral Estimation: Theory and Application*, Prentice-Hall, 1999
[5] N. Levanon, *Radar Principles*, Wiley-Interscience, 1988
[6] R. Nitzberg, *Radar Signal Processing and Adaptive Systems*, 2nd Edition, Artech House, 1999
[7] A. Oppenheim & R. Shafer, *Digital Signal Processing*, Prentice-Hall, 1975
[8] A. Papoulis, *Signal Analysis*, McGraw-Hill, 1977
[9] L. Rabiner, *Theory and Application of Digital Signal Processing*, Prentice-Hall, 1975
[10] M. Skolnik, *Introduction to Radar Systems*, 3rd Edition, McGraw-Hill, 2002
[11] S. Haykin & A. Steinhardt, *Adaptive Radar Detection and Estimation*, Wiley, 1992
[12] D. K. Barton, *Modern Radar System Analysis*, Artech House, 1988
[13] D. R. Wehner, *High Resolution Radar*, Artech House, 1987
[14] W. J. Caputi, "Stretch: A Time Transformation Technique," *IEEE Transactions on Aerospace Electronic Systems*, AES-7, March 1971
[15] J. V. Candy, *Signal Processing—The Modern Approach*, McGraw-Hill, 1988
[16] A. W. Rihaczek, *Principles of High-Resolution Radar*, Mark Resources, 1977
[17] G. Minkler & J. Minkler, *CFAR*, Magellan, 1990
[18] S. M. Sherman, *Monopulse Principles and Techniques*, Artech House, 1984

3.13 问　　题

1. 考虑具有三角形脉冲的雷达波形，如下图所示，计算此波形的匹配滤波器输出。绘制匹配滤波器输出波形。

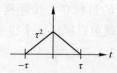

第3章 波形、匹配滤波和雷达信号处理

2. 问题1中如果 $\tau = 10\mu s$,估计匹配滤波器的近似3dB距离分辨力。匹配滤波器的近似带宽为多少?

3. 如果上述问题中采用的是LFM(或"啁啾")波形,要达到距离分辨力的要求,则需要多大带宽?如果匹配滤波期间没有进行时间副瓣加权,请比较该波形条件下与问题1的波形下两者的副瓣情况。问题1中的波形是可以实现的吗?如果LFM中采用三角形波形,则第一个副瓣的幅度是多少?采用三角形波形会带来哪些影响?

4. 考虑雷达采用一个1ms(τ) 1MHz的LFM波形用于搜索,匹配滤波采用全距离数字脉冲压缩以覆盖10km的距离窗(RW)。由于需要一定程度的插值,使用1.2MHz的复采样速率。请计算信号处理中需要的快速傅里叶变换(FFT)的规模(假设使用零填充将FFT填充到2的幂,即 $2^M \geq N_s$)。为便于计算,请注意,对于脉冲压缩:

$$N_s = (f_{samp})(\tau_p + RW), \quad N_{FFT} = 2^M$$

5. 为了保持跟踪,采用1ms、20MH的LFM波形,匹配滤波器在1km距离窗内采用"拉伸"或"频谱分析"的方式进行。计算所需的复采样频率和需要的FFT规模。出于计算的目的,对于"拉伸"时,计算公式为

$$B_s = \left(\frac{B}{\tau_p}\right) \cdot (RW)$$

6. 考虑使用16个距离单元来估计背景噪声加干扰情况的CFAR处理器。若虚警概率需要达到 10^{-6},对于一个Swerling Ⅰ型目标,当使用理想噪声阈值的检测概率为0.9时,计算结果检测概率为多少?

$$P_D = \{(1+\gamma_a)/[1+\gamma_a+(P_{FA}^{-\frac{1}{M}}-1)]\}^M$$

其中

$$\gamma_a = \frac{\ln\left(\frac{P_{FA}}{P_D}\right)}{\ln P_D}$$

7. 估计使用16单元CFAR时产生的灵敏度损失(即等效SNR损失)。Swerling Ⅰ型目标和理想噪声阈值的关系如下式:

$$P_D = (P_{FA})^{\frac{1}{1+SNR}}$$

8. 考虑非均匀环境下问题1中使用的CFAR处理器和参数。假设每个距离单元中的背景情况相同,计算结果检测概率,并与问题6中的结果进行比较。

$$P_{\mathrm{D}} = \{(1+\gamma_a)/[1+\gamma_a+(P_{\mathrm{FA}}^{-\frac{1}{M}}-1)]\}^M$$

9. 假设一个具有 32 个距离单元的 CFAR 处理器在均匀噪声环境下检测一个 Swerling Ⅰ 型目标。SNR 为 15dB，理想虚警概率为 10^{-6}，考虑使用 32 单元 CFAR 处理器来检测均匀噪声背景下的一个 Swerling Ⅰ 型目标。如果 SNR 为 15dB，理想虚警概率为 10^{-6}，计算单元平均（CA）CFAR 带或者不带 2 单元截尾，GO-CFAR 和 OS-CFAR 的截获概率，并与问题 7 进行比较。

第4章 搜索和截获功能

4.1 引　　言

本章讨论了雷达搜索的各种类型，如立体搜索、地平线栅栏搜索、引导搜索和扇区搜索，使用的不同类型的波形，以及作为跟踪起始（TI）前提条件的截获功能。主题包括以下几种。

（1）搜索类型。

① 立体搜索。

② 水平栅栏和扇区搜索。

③ 引导搜索。

④ 多波束搜索。

（2）搜索类型设计。

（3）搜索波形及处理。

① 监视。

② 确认。

（4）截获波形和处理。

与前几章一样，雷达文献中有大量关于搜索和截获的内容。在本章中适当的地方引用了相关的参考文献。这些来源为设计和分析具有这些功能的雷达提供了必要的理论。

4.2 搜索的种类

本节描述了一些常用的搜索，用于自主搜索（如大范围立体搜索）或非自主搜索（如交接搜索或引导搜索）。

4.2.1 立体搜索

第1章简要介绍了立体搜索，1.6.2节推导并讨论了两种形式的雷达距离方程（RRE）。本节和后续章节将以第 1 章的内容为基础，重点介绍立体搜索的一些特定面向应用的设计指南。

图 4.1 与第 1 章中的图 1.4 相同，展示了一个典型的三维（3D）立体搜索。

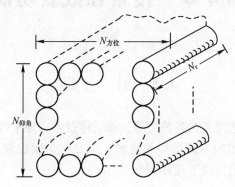

图 4.1　相控阵雷达立体搜索波束栅格

立体搜索由以下参数定义。
(1) 搜索覆盖立体范围，ψ（$(°)^2$ 或 rad^2）。
(2) 天线波束数目，N_b 等于给定孔径大小和工作频率的覆盖范围。
(3) 搜索距离大小，$\Delta R(km)$。
(4) 帧或扫描时间，$T_{sc}(s)$。
(5) 搜索波形带宽，$B_s(MHz)$。
(6) 允许虚警概率，$\eta_{FA}(s^{-1})$。
(7) 期望的检测概率，P_D。

根据必要的天线波束数目以提供角度覆盖、距离范围、搜索波形带宽和虚警率，可以计算出允许的虚警概率为

$$P_{FA} = \left(\frac{2B_s}{C}\right)\Delta R N_b \eta_{FA} T \tag{4.1}$$

根据 P_D、P_{FA} 和目标起伏模型的类型（如 Swerling Ⅰ、log-normal 等），可以计算出搜索所需的 SNR。一旦已知所需 SNR，则根据第 1 章介绍的雷达距离方程（RRE）的立体搜索形式给出所需功率孔径积：

$$SNR = \frac{\sigma T_{sc}}{(4\pi)kT_s R^4 \psi L_t L_r} \cdot P_{AVE} A_r \tag{4.2}$$

求解式（4.2），得出所需功率孔径积：

$$P_{AVE} A_r = \frac{(4\pi)kT_s R^4 \psi L_t L_r SNR}{\sigma T_{sc}} \tag{4.3}$$

式中：ψ 是单位为 rad^2 的搜索区域；T_{sc} 是搜索的扫描时间或"帧"时间。

式（4.3）是一种熟悉的关系，表明雷达执行立体搜索的固有能力与频率无关。表 4.1 提供了一个例子，使用式（4.3）的对数形式计算执行指定立体搜索（方位角为 60°，仰角为 10°）所需的功率积。

表 4.1 的结果所需的功率孔径积为 41.76~44.52dBW·m^2。因此，对于一个 $10m^2$ 的天线孔径，所需的平均功率是 31.76~34.52dBW，或相当于 1.50~2.83kW。对于 25%的占空比，这相当于一个峰值发射机功率 6.0~11.33kW。

表 4.1 立体搜索设计例子

雷达参数	+	−
4π	10.99	
kT_s		200.81
R^4（500km）	227.95	
ψ（60°×10°）		7.38
L_t（3dB）	3.00	
L_r（3dB）	3.00	
SNR（12dB 每脉冲）	12.00	
σ（$1m^2$）	0.00	
T_{sc}（5s）		6.99
总计	256.94	215.18

用于立体搜索的波形通常是窄带（如 500kHz~1MHz）。然而，由于它们通常需要处理大距离范围（或距离窗口），这影响了所需的信号处理。许多搜索雷达采用线性调频（LFM）波形进行立体搜索。由于上述大距离范围的需要，匹配的滤波器通常使用第 3 章所述的全量程的数字脉冲压缩。

典型的搜索方法采用确认波形来证实搜索检测。这些通常是窄带波形（如与搜索波形相同的波形）。在搜索和验证功能之间合理分配雷达资源，可以减少雷达搜索和截获的能量消耗。这是通过对验证波形序列使用比搜索更低的 P_{FA} 来实现的。

4.2.2 地平线搜索栅栏

这种类型的搜索被用于执行弹道导弹早期预警或导弹防御功能的雷达。如 1.6.2 节所述，它对雷达探测范围内的弹道导弹的探测和截获是有用的。前提是，具有正仰角变化率的目标将"穿越"地平线栅栏，形成探测机会。可以看出，使用一排位于或略高于局部地平线的天线波束可以得到导弹目标探测的最小能量解决方案。图4.2说明了用于实际应用的典型地平线搜索栅栏。

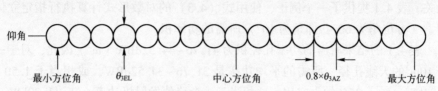

图4.2 典型的地平线搜索栅栏

累积检测概率是这些搜索所利用的基本理论；也就是说，多重检测机会导致目标检测的总概率较高。在跟踪起始之前，采用了某种形式的验证过程，以减少试图在虚警上启动跟踪的雷达资源的浪费。不管怎样，这基本上与用于立体搜索的方法相同。同样，在跟踪起始之前使用某种形式的验证过程，以试图减少在虚警上启动跟踪造成雷达资源浪费。当然，这与用于体积搜索的方法基本相同。

如第1章所示，地平线栅栏搜索雷达距离方程为

$$\mathrm{SNR} = \frac{\sigma}{(2\sqrt{\pi})kT_sR^3\psi Nv_TL_tL_r} \cdot \frac{P_{\mathrm{AVE}}A_r}{\sqrt{G_r}} \tag{4.4}$$

式中：G_r 是接收天线增益；V_T 是目标的垂直方向速度，单位为 m/s；N 是检测所需的观测次数。求解式（4.4）的功率孔径积：

$$P_{\mathrm{AVE}}A_r = \frac{(2\sqrt{\pi})kT_sR^3\psi Nv_TL_tL_r\sqrt{G_r}\mathrm{SNR}}{\sigma} \tag{4.5}$$

可以看出，由于接收天线增益是接收孔径的函数，必须迭代求解式（4.5）。因此，也可以将其重新表示为

$$P_{\mathrm{AVE}}A_r = \frac{0.866(4\pi)kT_sR^3Wv_TL_tL_r\mathrm{SNR}}{\sigma} \tag{4.6}$$

式中：W 是以 rad 为单位的总栅栏方位角。

表4.2提供了一个示例，该示例使用式（4.6）的对数形式计算执行±30°地平线栅栏搜索所需的功率孔径积。

表4.2 地平线栅栏搜索设计例子

雷达参数	+	−
0.886 (4π)	10.46	
kT_s		200.81
R^3 (500km)	170.96	

续表

雷达参数	+	-
W（60°）	0.20	
L_t（3dB）	3.00	
L_r（3dB）	3.00	
SNR（12dB 每脉冲）	12.00	
σ（1m²）	0.00	
N（3 次）	4.77	
v_T（2200m/s）	33.42	
总计	237.81	200.81

表 4.2 的结果是所需功率孔径积为 37.0dBW·m²。因此，如前所述，对于 10m² 的天线孔径，所需的平均功率是 27.0dBW，或者等效为 503.65W。对于 25% 的占空比，这相当于峰值发射功率值为 2.0kW。注意：与之前的立体搜索相比，地平线栅栏搜索的功率孔径要求较低。这是由于地平线栅栏搜索只搜索一行天线波束，而不是像立体搜索的例子中要求覆盖 10°的俯仰角。

地平线栅栏搜索通常使用窄带波形进行初始检测和验证。这些一般是带宽在几百千赫和更高一些的 LFM 波形。总之，由于需要搜索的范围较大，对这些波形采用全距离数字脉冲压缩处理。与立体搜索一样，地平线栅栏搜索通常使用噪声阈值来进行检测，以最小化灵敏度（即 SNR）损失，而不是使用 CFAR。

扇区搜索类似于栅栏搜索，只是它们通常覆盖仰角上的多行天线波束。立体搜索与扇区搜索或扇区与地平线栅栏搜索之间没有明显的区别，这些术语通常是同义词。扇区搜索设计最好使用 2.1 节定义的雷达距离方程（即将扇区搜索视为立体搜索），而不是本节所述的地平线栅栏搜索。

4.2.3 引导搜索

引导搜索主要用于完成从一个传感器到一个雷达系统的切换的方法。这种类型的搜索依赖于目标状态向量，该向量包含最小的目标位置、速率和有效时间。位置和速率通常在惯性参照系中用笛卡儿坐标来表示（如 x、y、z、$\dot{x}$、$\dot{y}$、$\dot{z}$）。搜索空域的大小可以基于与目标状态向量相关联的预测误差协方差矩阵的维数来确定。搜索空域必须转换为雷达测量坐标（如球面：距离、方位角和仰角，或等效的正弦空间坐标）。当协方差矩阵不可用时，可以使用固定距离和角度。

由于这类搜索是基于跟踪数据，当由雷达向雷达交接时，通常使用跟踪带宽波形。一般来说，由于这种搜索量相对于其他搜索类型较小，因此它们需要较少的天线波束来覆盖目标位置和速率不确定性。由于采用更宽带宽波形，会产生更高的距离分辨力，因此要搜索的距离单元的数量仍然很大。这会导致匹配滤波和后续检测处理的信号处理负载较高。

用于引导搜索的雷达距离方程与用于立体搜索的雷达距离方程相同。然而，引导搜索的扫描或帧时间需求不同于其他搜索。地平线栅栏搜索和立体搜索都是典型的自主功能，也就是说，通常它们很少或没有关于可能目标位置的先验信息。因此，这些搜索必须在目标飞越覆盖区域之前实现它们所需的累积探测概率（P_{Dcum}）。立体搜索和地平线栅栏搜索的扫描时间必须满足在指定目标覆盖范围内完成多个搜索。

由于引导搜索被参考（取居中值）为一个预测的目标状态向量，假设有一个误差协方差矩阵或等效的信息，目标飞出覆盖范围的可能性要小得多。因此，更长的扫描时间可以用于更小的搜索空域。这可以显著地减少实现引导搜索所需的功率孔径积。

考虑一个引导搜索，必须覆盖一个5°方位角乘以5°仰角（即交接3σ误差椭圆的近似值）。假设由于目标参数的先验知识（来自状态向量和误差协方差矩阵），1s的帧时间足以确保搜索覆盖范围内的目标截获。表4.3说明了该问题的引导搜索距离方程。

表 4.3　引导搜索设计例子

雷达参数	+	-
4π	10.99	
kT_s		200.81
R^4 (500km)	170.96-	
Ψ (5°×5°)		21.18
L_t (3dB)	3.00	
L_r (3dB)	3.00	
SNR (12dB 每脉冲)	12.00	
σ (1m²)	0.00	
T_{sc} (1s)		0.00
总计	256.94	221.99

表4.3的结果表明，实现引导搜索需要功率孔径积34.95dBW·m²。同样，对于10m²的天线孔径，所需的平均功率是24.96dBW，或者等效为

313.17W。在25%的占空比下，这相当于发射机的峰值功率为1.25kW。将这一结果与2.1节和2.2节中立体搜索与地平线栅栏搜索所需的功率孔径积进行比较，说明了在进行引导搜索时可能需要较少的雷达资源。

对于引导搜索，如果使用验证波形可能与搜索波形具有相同的带宽。因此，如果单脉冲测量用于验证波形，从引导搜索到跟踪的转换通常不需要单独的截获或跟踪起始波型。在2.3节中描述的立体搜索和地平线栅栏搜索通常不是这种情况。

4.2.4 多波束搜索

对于大立体搜索和非常小的天线波束宽度，会导致在有限的帧或扫描时间内要服务于大量的天线波束位置。这种情况若发生在高工作频率下的大天线孔径，则可能会对雷达的时间轴的使用或占用造成压力。根据分配给搜索的雷达资源比例（即雷达占空比），可以计算出最大可用搜索脉冲重复频率（PRF）。

考虑这样一个例子，该雷达每秒可以处理25个波束，并且50%的雷达资源被分配用于搜索。这种情况导致每秒有12.5个波束可用于搜索。如果所需的搜索量要求的波束速率超过每秒12.5个，则雷达被认为是"占用受限"。

当雷达是占用受限时，可以使用多个同时接收波束以大约$1/N_B$的比率减少占用，其中N_B是同时接收波束的数量。因此，在上述的例子中，如果搜索需要每秒37.5个的波束速率，并且使用3个同时接收的波束，那么，可用的每秒12.5个波束将满足搜索要求。使用这种方法时所涉及的折中是需要提供N_B个接收机信道，这可能会对雷达设计造成成本影响。

对于单脉冲跟踪雷达，$N_B \leq 3$的需求通常不是一个问题。因为在大多数搜索期间只使用两个单脉冲和通道，不使用差通道（引导搜索可能例外）。然而，当$N_B > 3$，这需要额外（$N_B - 3$）个接收通道的成本。在数字波束形成（DBF）的情况下，这不造成额外的成本，因为DBF根据定义提供了多波束操作（即实现DBF已经需要多个接收机）。通常，在不同的工作频率下形成同时波束，以减轻空间相邻波束之间的串扰。

对于其他搜索变体，在跟踪起始处理之前使用某种形式的验证波形。与立体搜索和地平线栅栏搜索一样，由于距离范围较大，通常采用全距离数字脉冲压缩技术。

4.3 截获波形及处理

截获，也称为跟踪起始（TI），是搜索和跟踪功能之间的过渡阶段。由于跟踪通常比大多数自主搜索（如立体搜索或地平线栅栏搜索）使用更宽的带宽，该功能的目的是获得目标位置和速率的准确初始估计，以开始跟踪过程。更具体地说，由于大多数跟踪算法（即跟踪滤波器）的递归性质，跟踪过程需要初始状态向量和误差协方差矩阵。跟踪起始后继续跟踪的过程称为跟踪维持（TM）。第 5 章将对此进行说明。

为了最大限度与跟踪维持兼容，截获或 TI 波形通常与用于跟踪的波形相同。此外，还对 TI 回波进行距离和单脉冲处理，以便能够对所有状态向量组件进行初始估计。由于状态向量和误差协方差通常用笛卡儿坐标系（如 x、y、z、$\dot{x}$、$\dot{y}$、$\dot{z}$）表示，这需要将雷达测量坐标系（如球面坐标系）转换为笛卡儿坐标系。一旦计算出初始目标状态向量和误差协方差矩阵，这些量就在跟踪维持过程中进行更新。

4.4 参考文献

[1] D. K. Barton, *Radar System Analysis and Modeling*, Artech House, 2004
[2] E. Brookner, *Aspects of Modern Radars*, Artech House, 1988
[3] E. Brookner, *Practical Phased Array Antenna Systems*, Artech House, 1991
[4] J. DiFranco & W. Rubin, *Radar Detection*, SciTech, 2004
[5] N. Levanon, *Radar Principles*, Wiley-Interscience, 1988
[6] R. Nitzberg, *Radar Signal Processing and Adaptive Systems*, 2nd Edition, Artech House, 1999
[7] A. Papoulis, *Probability, Random Variables, and Stochastic Processes*, McGraw-Hill, 1965
[8] A. Papoulis, *Signal Analysis*, McGraw-Hill, 1977
[9] M. Skolnik, *Introduction to Radar Systems*, 3rd Edition, McGraw-Hill, 2002
[10] M. Skolnik, *Radar Handbook*, 2nd Edition, McGraw-Hill, 1990
[11] H. Van Trees, *Detection, Estimation and Modulation Theory*, Part 1, Wiley-Interscience, 2001
[12] D. K. Barton, *Modern Radar System Analysis*, Artech House, 1988
[13] J. V. Candy, *Signal Processing—The Modern Approach*, McGraw-Hill, 1988
[14] G. Minkler & J. Minkler, *CFAR*, Magellan, 1990

4.5 问 题

1. 考虑一个 X 波段相控阵雷达，它必须执行 3 种类型的搜索。

（1）立体搜索。

① 距离：1000km。

② 方位角范围：±20°。

③ 俯仰角范围：0°~15°。

④ 目标 RCS：0dBsm。
⑤ 所需信噪比：12dB。
⑥ 扫描时间：7.5s。
（2）地平线栅栏。
① 距离：2000km。
② 方位角范围：±45°。
③ 目标 RCS：+10dBsm。
④ 所需信噪比/次：8dB。
⑤ 观测次数：6次。
⑥ 目标垂直速度：2.7km/s。
（3）引导搜索。
① 距离：750km。
② 方位角范围：±5°。
③ 俯仰角范围：±5°。
④ 目标 RCS：−10dBsm。
⑤ 扫描时间：2s。

假设系统噪声温度为 500K，总发射和接收损耗为 4.5dB。计算所有 3 种搜索模式所需的平均功率孔径积。哪种搜索模式适合这种雷达？

2. 考虑一个 S 波段雷达（$\lambda = 0.09$m），在 2s 内完成方位和俯仰范围均为 65°的立体搜索。若未加权天线孔径为圆形，有效面积为 $1m^2$，雷达可提供最大 PRF 为 40 束/s，并将雷达资源的 60%分配给执行搜索功能，确定雷达的占用是否受限。如果是，则大约需要多少个接收通道来实现使用多个同时接收波束的搜索？

第5章 估计、跟踪和数据关联

5.1 引　　言

本章介绍参数估计、目标跟踪和数据关联算法，用于在实际环境中实现多目标跟踪。参考文献［1-4］是跟踪方面非常好的源资料。本章涵盖的主题包括以下几种。

（1）雷达参数估计。
（2）雷达跟踪功能。
波形和信号处理。
（3）不同种类的跟踪滤波器。
① $α-β$ 和 $α-β-γ$。
② 卡尔曼。
③ 扩展卡尔曼。
④ 交互多模。
（4）数据关联算法。
① 最近邻。
② 概率数据关联（PDA）。
③ 联合概率数据关联（JPDA）。
④ 多假设跟踪（MHT）。
⑤ 其他分配算法。
（5）跟踪空中目标。
① 飞行器、无人机（UAV）。
② 巡航导弹。
（6）跟踪弹道导弹目标。
战术弹道导弹（TBM）、中程弹道导弹（IRBM）、洲际弹道导弹（ICBM）。
（7）跟踪地（海）面目标。
① 船舶。
② 车辆。

5.2 雷达参数估计

参数估计是雷达工作的一项重要功能。它不同于雷达测量或观测，因为在本章中，估计是指提取雷达未直接测量的参数。估计在雷达中最常见的应用是目标跟踪和目标特征估计，用以实现目标分类和识别。本章着重于目标跟踪背景下的估计，而第 6 章则讨论目标特征估计的分类、分辨和识别。

参考文献 [4-6] 是与参数估计相关理论的源资料。一般来说，参数估计解决了从雷达测量值中提取期望值的问题，即

$$\hat{x} = E\{x|z\} \tag{5.1}$$

式中：x 是被估计的参数；z 是为了提取估计 x 的观测值。假设 x 在控制理论意义上是可观测的，也就是说，估计 x 所需的量以线性方式包含在测量值 z 中。

参数估计和估计器有 3 个重要且理想的特性。首先，估计应无偏，即估计误差应该是零均值。其次，估计误差的方差应相当小或至少能被接受。下式是这些概念的数学表示：

$$E\{x-\hat{x}\} = E\{\tilde{x}\} = 0 \tag{5.2}$$

和

$$E\{(x-\hat{x})^2\} = E\{\tilde{x}^2\} = \sigma_{\hat{x}}^2 \tag{5.3}$$

估计器的第三个理想特性是：当有更多的测量值可用时，估计值的方差渐近接近其理论下界。实现这一特性的估计器称为有效估计器。

估计误差方差的值存在一个理论下限，称为 Cramer-Rao 界。当 x 的 N 个统计上独立的测量值在每次观测的给定信噪比（SNR）下平均时，估计值误差方差的 Cramer-Rao 界近似为

$$\sigma_{CRB}^2 = \frac{(\Delta x)^2}{NSNR} \tag{5.4}$$

式中：Δx 是 x 的测量分辨力；N 是 x 中的统计独立测量的数量。可以看出，式（5.4）中的下限对于预测估计性能，特别是对于预测跟踪精度非常重要。

5.3 雷达跟踪功能

雷达跟踪功能如图 5.1 中的框图所示。可以看到，天线朝着预测目标位置的方向转动，发送跟踪波形到达目标，接收目标回波，这些测量值与当前目标关联，再使用新的测量值更新目标状态向量，状态向量会被预测到下一次跟踪

更新的时刻,此信息用于引导天线再次启动该过程。这个功能序列称为跟踪回路,执行它称为跟踪回路闭环。

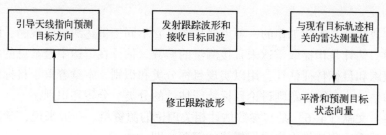

图 5.1　雷达跟踪功能框图

构成雷达跟踪功能的两个主要子功能是数据关联算法和跟踪滤波器。图 5.1 中的其他功能由雷达调度器(调度跟踪波形并控制天线)、雷达发射机(发送跟踪波形)和接收机(接收目标回波)执行。

与跟踪功能相关的波形和信号处理如下。首先,窄带波形用于跟踪,即为 5～50MHz 范围内的射频带宽。所执行的信号处理是标准的脉冲匹配滤波,然后是距离和幅度插值以及峰值检测。单脉冲处理用于估计目标的正弦空间角度 u 和 v。对于低仰角跟踪,采用多脉冲波形和处理(如 MTI 或脉冲多普勒)来减轻杂波后向散射影响。

本章的后续内容将介绍跟踪滤波器、数据关联算法以及空中目标、弹道导弹和地面目标的具体跟踪。当然,第一个主题是在下一节中将简要讨论坐标系及其之间的转换。

5.3.1　坐标系

坐标系是雷达跟踪功能的一个重要方面。由于相控阵雷达是本书的重点,测量坐标系是球面坐标的一种特殊形式:根据天线阵列的视轴方向,距离和两个方向余弦 u 与 v,称为 (R,u,v) 坐标。

然而,大多数跟踪系统使用惯性参考系来估计目标位置,通常用笛卡儿坐标表示:(x,y,z)。选择此参考系是因为大多数目标类型在笛卡儿坐标系中移动最自然,而不是在球坐标系中。因此,至少 (R,u,v) 和 (x,y,z) 之间的转换是必要的,以便利用跟踪滤波器将测量值与目标状态关联起来。这些方法有效地将雷达测量值转换到笛卡儿阵列平面坐标上,然后将其平移和旋转到笛卡儿惯性坐标上。对于固定平台上的固定天线阵列,这是都需要的。

移动天线阵列的情况就更为复杂,无论是安装在基座上还是安装在底座上,或许安装在移动平台上,如船舶、飞机或导弹上。在这些情况下,需要额外的旋转和平移来考虑基座和/或平台与目标轨迹更新和预测的笛卡儿惯性坐标系之间的相对运动。

因此，一系列的坐标变换和平移是雷达跟踪过程的基本组成部分。在大多数情况下，除了必须将测量值与状态向量联系起来的数据关联算法之外，本章其余部分将使用笛卡儿惯性坐标来讨论跟踪算法。当然，在设计和分析雷达跟踪系统时，重要的是，不能忽视这些坐标系。

5.4 跟踪滤波器类型

5.4.1 常增益滤波器

雷达跟踪应用中有许多类型的跟踪滤波器。当然，有两类基本的跟踪滤波器：常增益滤波器和计算增益滤波器。第一类是最简单的，其实现是使用每个跟踪目标的最小数据处理吞吐量。其中最常见的是 α-β 和 α-β-γ 滤波器。数学形式为

$$\begin{bmatrix} x \\ \dot{x} \end{bmatrix}_{k+1} = \left(z_{k+1} - \begin{bmatrix} x \\ \dot{x} \end{bmatrix}_k \right)^\mathrm{T} \begin{bmatrix} \alpha_{k+1} & 0 \\ 0 & \beta_{k+1} \end{bmatrix} + \begin{bmatrix} x \\ \dot{x} \end{bmatrix} \tag{5.5}$$

和

$$\begin{bmatrix} x \\ \dot{x} \\ \ddot{x} \end{bmatrix}_{k+1} = \left(z_{k+1} - \begin{bmatrix} x \\ \dot{x} \\ \ddot{x} \end{bmatrix}_k \right)^\mathrm{T} \begin{bmatrix} \alpha_{k+1} & 0 & 0 \\ 0 & \beta_{k+1} & 0 \\ 0 & 0 & \gamma_{k+1} \end{bmatrix} + \begin{bmatrix} x \\ \dot{x} \\ \ddot{x} \end{bmatrix} \tag{5.6}$$

式中：z 是 $k+1$ 采样时刻的测量向量；α、β 和 γ 是采样时刻 $k+1$ 的固定或预计算的权重。可以看出，由于每次轨迹更新只需要少量的加、减和乘，因此，这些滤波器的计算需求很小。

5.4.2 计算增益滤波器

5.4.2.1 卡尔曼滤波器

计算增益跟踪滤波器有多种形式。当然，最常见和最广泛使用的是卡尔曼滤波器（KF）类型。这些滤波器属于统计滤波类，即它们包含特定目标运动的动力学模型，并利用这些模型传播状态估计的期望值和估计误差的协方差矩阵。增益计算是卡尔曼滤波器中主要计算的地方。状态向量更新方程与式（5.5）和式（5.6）非常相似。

参考文献[1-4]中提到的卡尔曼滤波器，在目标动力学和测量-状态关系为线性时为最优滤波器。如果其中一个或两个关系都是非线性的，那么，卡尔曼滤波器就是最优线性滤波器。理论上，最优非线性滤波器是存在的，但是没有系统的方法来确定它的形式。因此，这就是为什么某些形式的卡尔曼滤波器被用于许多（可能不是最多）目标跟踪应用中的原因。在大多数情况下，由于上述非线性，在这些情况下使用特殊形式的卡尔曼滤波器。它称为扩展卡尔曼滤波器（EKF）。EKF实际是一个状态动力学和观测方程线性化版本的卡尔曼滤波器。

卡尔曼滤波器背后的基本概念是均方意义上的估计误差最小化，因此，卡尔曼滤波器通常称为最小均方差（MMSE）。图5.2是实现目标状态和误差协方差矩阵的一次跟踪更新和预测所需的计算序列的流程图。

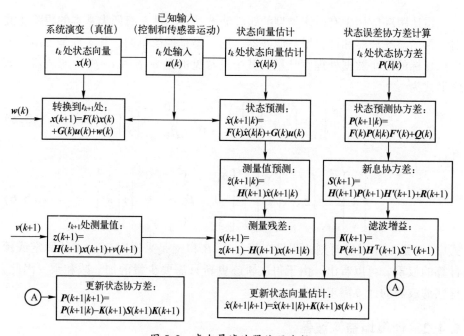

图5.2 卡尔曼滤波器处理流程

需要注意的是，卡尔曼滤波器是一个递推估计器，即在接收到每一个新的测量值时更新其估计值。为了说明递归估计的思想，考虑递归估计值序列的算术平均值的问题。图5.3显示了估计的顺序过程。

以类似的方式，可以导出卡尔曼滤波器的递推公式，如图5.4所示。此类滤波器通常称为预测-校正形式，如图5.4（d）所示。

考虑一个简单的算术平均问题：

$$\text{Average}(N)=\frac{1}{N}\sum_{k=1}^{N}a(k) \qquad \text{分批估计}$$

表达式可以展开为

$$\begin{aligned}\text{Average}(N)&=\frac{1}{N}[a(1)+a(2)+a(3)+\cdots+a(N)]\\&=\frac{1}{N}\left[\sum_{k=1}^{N-1}a(i)+a(N)\right]\\&=\frac{1}{N}\left[\frac{N-1}{N-1}\sum_{k=1}^{N-1}a(i)+a(N)\right]\\&=\frac{N-1}{N}\text{Average}(N-1)+\frac{1}{N}a(N) \qquad \text{递归估计}\end{aligned}$$

图5.3　递归估计算术平均

定义：

$\boldsymbol{P}_{k/k}=E\{\tilde{\boldsymbol{x}}_{k/k}\tilde{\boldsymbol{x}}_{k/k}^{\mathrm{T}}\}$

如果预测状态估计定义为

$\tilde{\boldsymbol{x}}_{k+1/k}=\boldsymbol{F}_{k+1}\boldsymbol{x}_k+\boldsymbol{w}_{k+1}$

则预测状态误差协方差矩阵为

$$\begin{aligned}\boldsymbol{P}_{k+1/k}&=E\{\tilde{\boldsymbol{x}}_{k+1/k}\tilde{\boldsymbol{x}}_{k+1/k}^{\mathrm{T}}\}\\&=\boldsymbol{F}_{k+1}E\{\tilde{\boldsymbol{x}}_{k/k}\tilde{\boldsymbol{x}}_{k/k}^{\mathrm{T}}\}\boldsymbol{F}_{k+1}^{\mathrm{T}}+E\{\boldsymbol{w}_{k+1}\boldsymbol{w}_{k+1}^{\mathrm{T}}\}\\&=\boldsymbol{F}_{K+1}\boldsymbol{P}_{k/k}\boldsymbol{F}_{k+1}^{\mathrm{T}}+\boldsymbol{Q}_{k+1}\end{aligned}$$

噪声协方差为

$\boldsymbol{Q}_{k+1}=E\{\boldsymbol{w}_{k+1}\boldsymbol{w}_{k+1}^{\mathrm{T}}\}$

如果下一个测量值定义为

$\boldsymbol{z}_{k+1}=\boldsymbol{H}_{k+1}\boldsymbol{x}_{k+1}+\boldsymbol{v}_{k+1}$

则预测测量值的误差协方差矩阵为

$E\{\tilde{\boldsymbol{z}}_{k+1}\tilde{\boldsymbol{z}}_{k+1}^{\mathrm{T}}\}=E\{\boldsymbol{v}_{k+1}\boldsymbol{v}_{k+1}^{\mathrm{T}}\}=\boldsymbol{R}_{k+1}$

(a)

$\tilde{\boldsymbol{x}}_{k+1/k}=\boldsymbol{F}_k\tilde{\boldsymbol{x}}_{k/k}+\boldsymbol{w}_{k+1}$

定义预测-校正滤波器为

$$\begin{aligned}\hat{\boldsymbol{x}}_{k+1/k+1}&=\hat{\boldsymbol{x}}_{k+1/k}+\boldsymbol{K}_{k+1}[\boldsymbol{z}_{k+1}-\boldsymbol{H}_{k+1}\hat{\boldsymbol{x}}_{k+1/k}]\\&=\hat{\boldsymbol{x}}_{k+1/k}+\boldsymbol{K}_{k+1}\boldsymbol{s}_{k+1}\end{aligned}$$

定义新息为

$\boldsymbol{s}_{k+1}=[\boldsymbol{z}_{k+1}-\boldsymbol{H}_{k+1}\hat{\boldsymbol{x}}_{k+1/k}]$

定义状态估计协方差为

$$\begin{aligned}E\{\tilde{\boldsymbol{x}}_{k+1/k+1}\tilde{\boldsymbol{x}}_{k+1/k+1}^{\mathrm{T}}\}&=E\{[\tilde{\boldsymbol{x}}_{k+1/k}+\boldsymbol{K}_{k+1}\tilde{\boldsymbol{s}}_{k+1}][\tilde{\boldsymbol{x}}_{k+1/k}+\boldsymbol{K}_{k+1}\tilde{\boldsymbol{s}}_{k+1}]^{\mathrm{T}}\}\\&=E\{\tilde{\boldsymbol{x}}_{k+1/k}\tilde{\boldsymbol{x}}_{k+1/k}^{\mathrm{T}}\}+E\{\boldsymbol{K}_{k+1}\tilde{\boldsymbol{s}}_{k+1}\tilde{\boldsymbol{x}}_{k+1/k+1}^{\mathrm{T}}\}+E\{\tilde{\boldsymbol{x}}_{k+1/k+1}\tilde{\boldsymbol{s}}_{k+1}^{\mathrm{T}}\boldsymbol{K}_{k+1}^{\mathrm{T}}\}+E\{\boldsymbol{K}_{k+1}\tilde{\boldsymbol{s}}_{k+1}\tilde{\boldsymbol{s}}_{k+1}^{\mathrm{T}}\boldsymbol{K}_{k+1}^{\mathrm{T}}\}\\&=\boldsymbol{P}_{k+1/k}-\boldsymbol{K}_{k+1}\boldsymbol{H}_{k+1}E\{\tilde{\boldsymbol{x}}_{k+1/k}\tilde{\boldsymbol{x}}_{k+1/k}^{\mathrm{T}}\}-E\{\tilde{\boldsymbol{x}}_{k+1/k}\tilde{\boldsymbol{x}}_{k+1/k}^{\mathrm{T}}\}\boldsymbol{H}_{k+1}^{\mathrm{T}}\boldsymbol{K}_{k+1}^{\mathrm{T}}+\boldsymbol{K}_{k+1}E\{\tilde{\boldsymbol{s}}_{k+1}\tilde{\boldsymbol{s}}_{k+1}^{\mathrm{T}}\}\boldsymbol{K}_{k+1}^{\mathrm{T}}\\&=\boldsymbol{P}_{k+1/k}-\boldsymbol{K}_{k+1}\boldsymbol{H}_{k+1}\boldsymbol{P}_{k+1/k}-\boldsymbol{P}_{k+1/k}\boldsymbol{H}_{k+1}^{\mathrm{T}}\boldsymbol{K}_{k+1}^{\mathrm{T}}+\boldsymbol{K}_{k+1}\boldsymbol{S}_{k+1}\boldsymbol{K}_{k+1}^{\mathrm{T}}\end{aligned}$$

(b)

定义状态估计误差协方差为

$$E\{\tilde{x}_{k+1/k+1}\tilde{x}_{k+1/k+1}^{\mathrm{T}}\} = P_{k+1/k} - K_{k+1}H_{k+1}P_{k+1/k} - P_{k+1/k}H_{k+1}^{\mathrm{T}}K_{k+1}^{\mathrm{T}} + K_{k+1}S_{k+1}K_{k+1}^{\mathrm{T}}$$

则在状态误差协方差最小时的滤波器增益为

$$\frac{\partial E\{\tilde{x}_{k+1/k+1}\tilde{x}_{k+1/k+1}^{\mathrm{T}}\}}{\partial K_{k+1}^{\mathrm{T}}} = 0 = 0 - 2P_{k+1/k}H_{k+1}^{\mathrm{T}} + 2K_{k+1}S_{k+1}$$

则最佳滤波器增益为

$$K_{k+1} = P_{k+1/k}H_{k+1}^{\mathrm{T}}S_{k+1}^{-1}$$

$$\begin{aligned} S_{k+1} &= E\{\tilde{s}_{k+1}\tilde{s}_{k+1}^{\mathrm{T}}\} \quad \text{新息协方差矩阵} \\ &= E\{\tilde{z}_{k+1}\tilde{z}_{k+1}^{\mathrm{T}}\} + H_{k+1}E\{\tilde{x}_{k+1/k}\tilde{x}_{k+1/k}^{\mathrm{T}}\}H_{k+1}^{\mathrm{T}} \\ &= E\{v_{k+1}v_{k+1}^{\mathrm{T}}\} + H_{k+1}E\{\tilde{x}_{k+1/k}\tilde{x}_{k+1/k}^{\mathrm{T}}\}H_{k+1}^{\mathrm{T}} \\ &= R_{k+1} + H_{k+1}P_{k+1/k}H_{k+1}^{\mathrm{T}} \end{aligned}$$

代入新息协方差矩阵得到增益:

$$K_{k+1} = P_{k+1/k}H_{k+1}^{\mathrm{T}}[R_{k+1} + H_{k+1}P_{k+1/k}H_{k+1}^{\mathrm{T}}]^{-1}$$

(c)

则更新后的状态估计误差协方差矩阵为

$$\begin{aligned} P_{k+1/k+1} &= P_{k+1/k} - K_{k+1}S_{k+1}K_{k+1}^{\mathrm{T}} \\ &= P_{k+1/k} - K_{k+1}[R_{k+1} + H_{k+1}P_{k+1/k}H_{k+1}^{\mathrm{T}}]K_{k+1}^{\mathrm{T}} \end{aligned}$$

等同于

$$\begin{aligned} P_{k+1/k+1} &= P_{k+1/k} - P_{k+1/k}H_{k+1}^{\mathrm{T}}S_{k+1}^{-1}S_{k+1}S_{k+1}^{-1}H_{k+1}P_{k+1/k} \\ &= P_{k+1/k} - P_{k+1/k}H_{k+1}^{\mathrm{T}}S_{k+1}^{-1}H_{k+1}P_{k+1/k} \\ &= P_{k+1/k} - K_{k+1}H_{k+1}P_{k+1/k} \\ &= [I - K_{k+1}H_{k+1}]P_{k+1/k} \end{aligned}$$

$$P_{k+1/k+1} = \underbrace{[I - K_{k+1}H_{k+1}]}_{\text{校正器改进}}\underbrace{[F_{k+1}P_{k/k}F_{k+1}^{\mathrm{T}} + Q_{k+1}]}_{\text{预测增长}}$$

(d)

图5.4 递归卡尔曼滤波器推导公式

卡尔曼滤波器不能处理的实际跟踪问题包括以下几方面。

(1) 非线性运动模型(使其线性化,即EKF)。

(2) 非线性测量方程(使用EKF和去偏一致变换(极坐标到笛卡儿坐标))。

(3) 动态(系统)方程和/或模式变化的未知输入(不同运动模型,例如匀速与加速或转弯)。

(4) 相关噪声(自相关和互相关)。

(5) 未知传感器分辨力和多径传播。

(6) 目标数量未知。

(7) 未知测量来源:数据关联不确定度。

然而，由于其对相关目标动力学和相关测量误差的最佳性、简单性与系统性处理，并且这些小缺点可以通过证明的技术来缓解，如使用扩展卡尔曼滤波器来解决非线性问题、添加噪声处理（真实底层动态模型的滤波器不确定性）、提高更新率以改善剩余非线性效应等。卡尔曼滤波器是跟踪滤波器中普遍存在的"主力军"。

5.4.2.2 交互多模滤波器

交互多模（IMM）滤波器由一组实现不同目标动力学模型的并行卡尔曼滤波器组成。这些是基于贝叶斯方法混合或融合的，如图5.5所示。IMM滤波器为跟踪滤波器提供了在目标轨迹中使用不同目标模型以最小化跟踪误差的能力。与MHT等跟踪方法不同，MHT在每次更新时传播所有可能的目标假设，而IMM只在每次更新时传播一个步骤。这将产生大约M倍于单个卡尔曼滤波器的计算负荷，其中M是所使用的目标模型数。详细的滤波逻辑在下面的段落中描述。

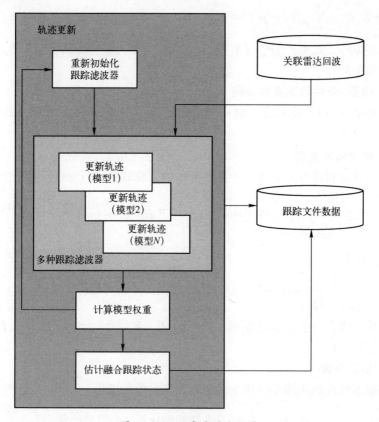

图5.5 IMM滤波器流程图

IMM 方法的步骤如下所示。

1. 模型条件重新初始化

每个 EKF 用一个组合状态和协方差重新初始化,其组成部分是对目标向特定模型转化的条件概率进行加权。

目标转换成(或保持为)模型 i 的条件概率为

$$\mu_{j|i}^{(k-1)} = \frac{\pi_{ji}\mu_j^{(k-1)}}{\mu_i^{(k,k-1)}}$$

式中:$\mu_i^{(k,k-1)} = \sum_{j=1}^{M} \pi_{ji}\mu_j^{(k-1)}$ 是模型 i 中的总概率;π_{ij} 是目标从模型 i 转化到模型 j 的先验马尔可夫转移概率;M 是模型个数。

使用每个相应模型的条件概率作为权重,将状态和协方差矩阵混合如下。

$X_i^{(k-1,k-1)} = \sum_{j=1}^{M} \mu_{j|i}^{(k-1)} X_j^{(k-1,k-1)}$ 是用于重新初始化第 i 个模型的状态。

$P_i^{(k-1,k-1)} = \sum_{j=1}^{M} \mu_{j|i}^{(k-1)} [P_i^{(k-1,k-1)} + \Delta P_{ji}^{(k-1,k-1)}]$ 是用于重新初始化第 i 个模型的协方差矩阵,式中,$\Delta P_{ij} = (X_i - X_j)(X_i - X_j)^{\mathrm{T}}$ 是为了考虑到模型 i 和 j 之间的差异而添加的。

2. 模型-条件的滤波和预测

针对第 $(k+1)$ 次计算,利用测量值 z_k 更新所有 EKF 滤波器中的状态和协方差。

3. 模型概率更新

组合状态和协方差矩阵基于每个模型的后验概率进行混合,如下所示。

$$\mu_i^{(k)} = \frac{L_i^k \mu_i^{(k,k-1)}}{\sum_{j=1}^{M} L_j^k \mu_j^{(k,k-1)}}, \text{其中 } \mu_i^{(k,k-1)} = \sum_{j=1}^{M} \pi_{ji}\mu_j^{(k-1)}$$ 是在步骤(1)中计算的模型 i 的总概率。

$L_i = \frac{1}{\sqrt{(2\pi)^m |S_i|}} \exp(-\xi_i^2/2)$ 是目标在模型 i 中的可能性,$\xi_i^2 = y_i^{\mathrm{T}} S_i^{-1} y_i$ 是测量状态与预测状态的卡方统计距离,$y = [z_k - H_k(X_{k,k-1})]$,$S_i = [H_k P_{k,k-1} H_k^{\mathrm{T}} + R]$,$m$ 是状态的维数。

4. 估计融合

跟踪系统在该步骤产生用于确定相关测量值的输出。

$X(k,k) = \sum_{i=1}^{M} \mu_i^{(k)} X_i^{(k,k)}$ 是用于重新初始化第 i 个模型的状态。

第5章 估计、跟踪和数据关联

$P^{(k,k)} = \sum_{i=1}^{M} \mu_i^{(k)} [P_i^{(k,k)} + \Delta P_i^{(k,k)}]$ 是用于重新初始化第 i 个模型的协方差，其中 $\Delta P_i = (X-X_i)(X-X_i)^T$ 是用于校正融合估计与模型 i 之间差异的协方差矩阵。

IMM 跟踪系统的输出是状态和协方差的组合 $[X^{(k,k)}, P^{(k,k)}]_{组合}$，用于关联算法中确定下一步新息计算的衡量标准。

5.5 数据关联算法

有两类基本的数据关联算法：非贝叶斯方法和贝叶斯方法。这些将在下面的各节中讨论。

5.5.1 最近邻

跟踪的"阿喀琉斯之踵"是将新的雷达测量数据与其原始目标正确关联起来。因此，良好的数据关联是获得良好目标跟踪性能的必要条件。在剩余杂波回波、密集目标或目标复合体、漏检和高虚警率的环境中，数据关联问题尤其具有挑战性。因此，对于给定跟踪问题所需的数据关联算法的类型就取决于这些因素。

在目标间隔较宽、检测概率很高、虚警概率很低的良性情况下，在清晰的环境中（即没有杂波、人为干扰或其他干扰），几乎任何一个数据关联算法都可以充分工作。如果这些条件是"可以被保证"的情况下，那么，一个简单的数据关联算法可以且应该使用。其中一种非贝叶斯算法是最近邻（NN）技术。该算法使用最邻近的新目标检测（在统计"距离"意义上）更新每个轨迹。NN 算法可以数学表示为

$$\frac{(R_{跟踪}-R_{测量})^2}{\sigma_R^2} + \frac{(\theta_{跟踪}-\theta_{测量})^2}{\sigma_\theta^2} + \frac{(\phi_{跟踪}-\phi_{测量})^2}{\sigma_f^2} \leq D \quad (5.7)$$

例如，将距离、方位角和仰角中的归一化平方误差之和与阈值进行比较，并且将给定目标测量向量与跟踪状态向量相比较的这些和中最小值来更新轨迹。对所有测量重复此过程。

如果式（5.7）中的和超过阈值 D，则不再进行跟踪任务的测量，因为超过 D 对应于非常小的正确目标-跟踪关联概率。如果在该式中的误差（分子的差异）可以建模为零均值高斯随机变量，那么，求和结果是一个三自由度的卡方分布。这允许计算 D 来编辑具有任意错误关联概率的关联。当使用卡尔曼型滤波器时，可以从滤波器计算的误差协方差矩阵中得到分母中的估计误差

方差。

5.5.2 概率数据关联

概率数据关联（PDA）算法使用计算似然性或估计的关联概率来帮助解决"回波-航迹"问题，而不是像 NN 算法那样使用简单的邻近规则。它是一种解决数据关联问题的贝叶斯方法。虽然它反映出更高的计算负载，但它在存在密集目标（或杂波等）的情况下比 NN 算法提供了更好的关联性能。

在关联过程的每个步骤中，PDA 计算每对测量—航迹正确关联的概率，概率最大的配对决定了测量结果的分配。对所有测量重复此过程。参考文献［1-3］提供了详细的算式和处理逻辑，这里不再重复。

5.5.3 联合概率数据关联

联合概率数据关联（JPDA）算法也使用计算似然性或估计的关联概率来帮助解决"回波-航迹"问题，而不是像 NN 算法那样使用简单的近似规则。这也是一种解决数据关联问题的贝叶斯方法。与简单的 PDA 相比，它反映出了更高的计算负载，但是在存在密集目标（或杂波等）的情况下，它提供了比 PDA 方法更好的关联性能。

在关联过程的每个步骤中，JPDA 计算每对测量-航迹正确关联的概率，以在联合概率意义上考虑所有可能的配对。与 PDA 方法类似，最高概率决定测量的分配。JPDA 的详细算式和处理逻辑也在参考文献［1-3］中详细提供，这里也不赘述。

5.5.4 最近邻 JPDA

该技术是由雷神公司的 R. Fitzgerald 开发，顾名思义，是 NN 和 JPDA 的结合。它包括使用 NN 对测量进行预处理，以编辑掉不太可能的测量-航迹对。JPDA 算法被应用于那些在这个筛选过程中幸存下来的对。与单独的 JPDA 相比，该算法以低得多的计算成本获得优异的性能。许多相控阵雷达都采用这种数据关联技术。它提供的关联性能在某些情况下可以接近理论上更优的多假设跟踪（MHT）关联技术，同时比 MHT 方法的计算密集度低得多。接下来将简要讨论 MHT。

5.5.5 多假设跟踪

多假设跟踪也是一种数据关联的贝叶斯方法。与前面描述的使用统计距离或似然度量来比较测量-航迹对的方法不同，MHT 创建并维护所有可能的数据关联假设的历史，在每个航迹更新时创建一个新的、更大的假设集。可以想象，如果不进行"假设修剪"，保持的假设数量会随着时间呈指数增长。因此，使用设计糟糕的MHT方法可能会导致严重的计算负荷后果。

MHT最优性的来源也是其计算强度的来源。由于在无约束的MHT方法中，所有可能的测量到跟踪假设都是要进行的，算法中是存在正确的假设（问题是怎样选择正确的假设）并且可以认为它在理论上是接近最优的。当然，除非对一些不太可能的假设进行修剪，否则，MHT不是数据关联问题的实际解决方案。

也就是说，MHT通过合适的修剪逻辑，已经成功地应用于许多跟踪应用中。参考文献［3］是了解MHT及其实际应用的很好资源。

5.5.6 其他分配算法

虽然5.1节~5.5节中描述的算法是数据关联的常用实现技术，但是还有许多其他方法，并且还有更多的方法有待开发。表5.1列出了当前技术的部分内容，包括F. Daum[3,8-10]编写的其他数据关联算法。

表5.1 部分数据分配算法列表（在参考文献［3，8-10］之后）

算法	时间轴（样本编号）	数据关联假设的数量	算法中未解决的数据模型	密集目标环境下的相对性能		计算复杂性	
				未处理的数据	处理过的数据	确定解	近似解
最近邻	1	1	无	差	差	低	低
概率数据关联（PDA）	1	1	无	差	一般	低	低
联合概率数据关联（JPDA）	1	1	无	一般	一般	多项式	中等
最近邻居JPDA	1	1	无	一般	好	多项式	中等
分配	1	1	无	一般	好	多项式	中等
多维分配	N	1	无	好	很好	多项式	高
多假设跟踪（MHT）	N	大量	无	好	很好	指数	高
Koch（MHT）	N	大量	有	很好	很好	指数	高

可以看出，这些算法是以一些性能作为评级标准的，包括：
（1）处理未处理的测量数据；
（2）密集目标环境下（如杂波）算法性能；
（3）计算复杂度（即计算吞吐量）。

5.6 跟踪空中目标

跟踪空中目标带来了一些挑战。这在一定程度上是由于空中目标类别中包含多种目标类型，包括：

(1) 载人飞机；
(2) 无人机；
(3) 直升机；
(4) 巡航导弹。

与跟踪弹道导弹相比，跟踪载人飞机是有问题的，因为飞机上的飞行员可以随时选择机动，并且可以选择多种不同的机动方式。火箭燃尽后的弹道导弹实际上以一个固定参数的抛物线轨迹飞行，只有重力作用于它，直到它重返地球大气层并受到阻力减速。

无人机的飞行轨迹可能类似于载人飞机，也可能不取决于无人机的能力和控制策略。类似地，巡航导弹也有几种类型，有的以亚声速在非常低的高度飞行，可以随地形飞行，有的可以从高空发射，以超声速飞行，攻击时可以陡峭的角度俯冲。

由于这些原因，单目标模型不能用于跟踪广泛的空中目标。4.2.2节中描述的IMM滤波器是一种适应广泛的可能目标动态特性的方法。考虑以下空中目标的独特行为：

(1) 匀速直线平飞；
(2) 恒定加速、直线平飞；
(3) 3-G 平面转弯；
(4) 3-G 爬升或俯冲。

可能的状态转换（图5.6）可以为

$$\Pi = \begin{bmatrix} \pi_{11} & \pi_{12} & 0 & 0 \\ 0 & \pi_{22} & \pi_{23} & 0 \\ 0 & 0 & \pi_{33} & \pi_{34} \\ 0 & 0 & \pi_{43} & \pi_{44} \end{bmatrix}$$

式中：π_{11} 为保持恒定速率的概率；π_{12} 为从恒定速度过渡到恒定加速度的概率；π_{22} 为保持恒定加速度的概率；π_{23} 为恒定加速度转换为3-G转弯的概率；π_{33} 为保持在3-G转弯的概率；π_{34} 为从3-G转弯3-G爬升或俯冲的概

第5章 估计、跟踪和数据关联

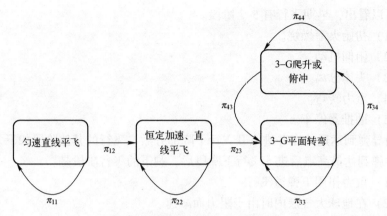

图 5.6 空中目标可能的状态转换

率;π_{43} 为从 3-G 爬升到 3-G 转弯的概率;π_{44} 为保持在 3-G 爬升或俯冲中的概率。

5.7 跟踪弹道导弹目标

基本的弹道导弹跟踪问题如图 5.7 所示。

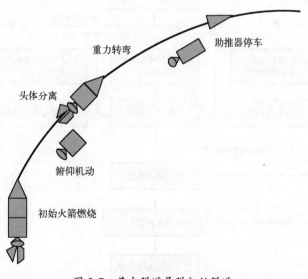

图 5.7 基本弹道导弹初始弹道

可以看出，早期飞行有 5 个阶段。
(1) 初始火箭燃烧。
(2) 俯仰机动。
(3) 头体分离。
(4) 重力转弯。
(5) 助推器停车。

当导弹到达远地点并进入其飞行下降部分后，飞行的其他阶段如下。

导弹到达最高点后进入飞行下降段后，剩下的飞行阶段是：
(1) 重力作用下弹道飞行；
(2) 在地球大气层内时由于阻力而减速。

图 5.8 说明了弹道导弹目标使用 IMM 跟踪滤波器的情况。IMM 滤波器中使用的转移概率允许一种有序的方法，在跟踪系统中加入目标轨迹特征的先验知识。当导弹从助推段过渡到弹道段，弹道段到再入段，并最终从再入段过渡到可能的机动和再返回再入段时，可以定义许多不同的状态过渡。相关动力学模型如表 5.2 所列。以下过渡矩阵中给出了可能的目标状态过渡：

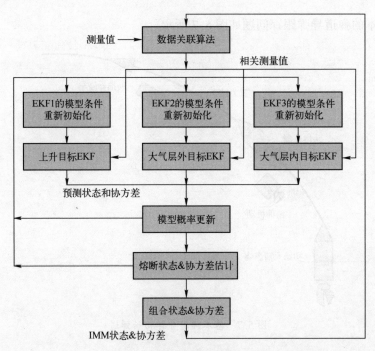

图 5.8 IMM 并行滤波器组示例

$$\boldsymbol{\Pi} = \begin{bmatrix} \pi_{11} & \pi_{12} & 0 & 0 \\ 0 & \pi_{22} & \pi_{23} & 0 \\ 0 & 0 & \pi_{33} & \pi_{34} \\ 0 & 0 & \pi_{43} & \pi_{44} \end{bmatrix}$$

式中：π_{11} 为保持在上升段的概率；π_{12} 为从助推段过渡到弹道段的概率；π_{22} 为保持在弹道段的概率；π_{23} 为从弹道段过渡到再入段的概率；π_{33} 为保持在再入段的概率；π_{34} 为从再入段过渡到机动段的概率；π_{43} 为从机动段过渡到再入段的概率；π_{44} 为保持在机动段的概率。

表 5.2 弹道导弹动力学模型与弹道阶段

目标类型	动力学模型	主要参数
大气层内助推段目标	加速度、阻力、重力建模	助推段加速度，阻力参数和导弹质量
大气层内弹道段目标	阻力和重力建模	导弹阻力参数、质量、助推器解体时的速度（V_{b0}）
大气层外弹道目标	重力建模	导弹质量以及离开大气层时的速度

图 5.9 用状态转换图说明了轨迹转换。弹道导弹目标跟踪时所处的环境比对空中目标跟踪时所处的环境更具挑战性，这是由于与被跟踪的导弹复合体相关联的可能密集目标数量众多。图 5.10 演示了在这个环境中跟踪的多个目标源的简化视图。

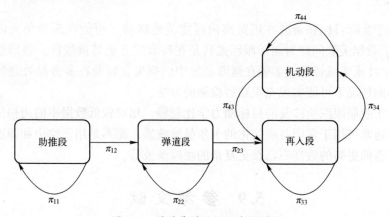

图 5.9 弹道导弹目标状态转移图

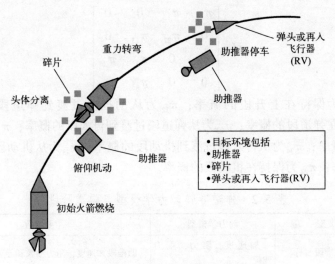

图 5.10 弹道导弹目标跟踪环境简化图

5.8 跟踪海面目标

从目标动力学的角度来看,海面目标的挑战性最小。然而,由于它们通常被淹没在海杂波中,因此,对舰船目标的一致性检测就成了问题。此外,通过 MTI 或脉冲多普勒处理后残留杂波的检测,在本质上可能是"尖峰"或噪声类虚警。

由于实际目标和杂波在近距离内可能缓慢移动(可能在距离单元内无法分辨),数据关联问题对船舶跟踪尤其是在高海况下更具挑战性。强烈建议使用 MHT 技术来减轻低速船舶在强海杂波中的损失,以及在多普勒处理后信杂比很小的情况下可能实现先跟踪后检测的方法。

由于舰船跟踪所涉及的目标动力学比较慢,相对较低数据率的边扫描边跟踪技术通常可用于常增益或简化的卡尔曼滤波器,而不是用于空中和弹道导弹跟踪所需的更高的数据率以及更复杂的跟踪滤波器。

5.9 参考文献

[1] Y. Bar-Shalom, *Multitarget/Multisensor Tracking: Applications and Advances*, Artech House, 2000.

[2] Y. Bar-Shalom & X. Li, *Multitarget-Multisensor Tracking*, YBS, 1995
[3] S. Blackman & R. Popoli, *Design and Analysis of Modern Tracking Systems*, Artech House, 1999
[4] E. Brookner, *Tracking and Kalman Filtering Made Easy*, Wiley-Interscience, 1998
[5] A. Gelb, *Applied Optimal Estimation*, MIT Press, 1974
[6] S. Haykin & A. Steinhardt, *Adaptive Radar Detection and Estimation*, Wiley-Interscience, 1992
[7] H. Van Trees, *Detection, Estimation and Modulation Theory*, Part 1, Wiley-Interscience, 2001
[8] F. Daum, "A System Approach to Multiple Target Tracking," Chapter 6 in *Multi-Target Multi-Sensor Tracking*, Volume II, edited by Yaakov Bar-Shalom, Artech House 1992
[9] W. Koch & G. van Keuk, "Multiple Hypothesis Track Maintenance with Possibly Unresolved Measurements," *IEEE Transactions on Aerospace & Electronic Systems*, Vol. 33, pages 883–892, 1997
[10] F. Daum, "Book Review: Multiple Target Multisensor Tracking," *IEEE AES Systems*, September 1996

第6章 目标分类、分辨和识别

6.1 概　　述

本章介绍目标分类、分辨和识别的概念。文献［2-3，5］是有关这方面背景的很好的资料。本章涵盖的主题包括以下几方面。

（1）目标分类问题概述。
（2）雷达测量目标特征。
（3）波形和信号处理。
（4）特征提取。
（5）分类器。
① 贝叶斯。
② Dempster-Shafer。
③ 决策树。
④ 其他。
（6）空中目标分类。
① 非合作目标识别。
② 目标识别（ID）。
（7）弹道导弹目标分类：分辨。
（8）命中或杀伤评估。

目标分类、分辨和识别的主题使对雷达基本理论的介绍变得完整，为相控阵雷达的设计和分析奠定了基础。如第5章所述，参数估计的概念是目标分类的核心。在这里，它称为目标特征提取的特殊名称。

本章重点研究了空中目标和导弹目标存在的目标分类问题。将会看到，目标的检测和跟踪是实现该功能的前提。在前一章描述的空中目标的情况下，目标分类和非合作目标识别（NCTR）是同义词。另一个术语，标识（ID），被用作一种细化的分类或NCTR。虽然本章没有明确讨论，但舰船目标分类与空中目标分类非常相似。

对于弹道导弹目标，分类和识别这两个术语经常使用模糊和不一致。在本书中，目标分类是指按类别对目标进行分类，如战术弹道导弹（TBM）、洲际弹道导弹（ICBM）、中程弹道导弹（IRBM）等。另一方面，识别将分类细化到对象类型。在这本书中，一个用于可能分类的完整集合的术语是分类、识别和标记。

本章的最后一部分讨论了命中或杀伤评估的主题。这是由于空中和弹道导弹防御火控雷达通常需要评估威胁拦截的成功率，如果第一次尝试失败，则有足够的时间进行第二次射击。该函数与目标分类问题非常相似，使用其独有的特征来决定是命中、杀伤还是未命中。

6.2 目标分类问题

在最简单的形式下，目标分类问题提出了一个问题：被跟踪的目标是什么类型的？由于决策将基于雷达收集到的数据或特征，因此，最好用数学方法表示：

$$\text{找到 } i \text{ 使} \{p(|H_i|f)\} \text{ 取最大值, 且} \{p(|H_i|f)\} \geq p_{min} \quad (6.1)$$

式中：H_i、f 和 p_{min} 分别为第 i 个目标类别的假设、目标特征向量，以及目标类别的最小期望概率。式（6.1）中的条件概率称为后验概率，即给定雷达测量的特征向量 f，目标处于 i 类的可能性。

针对最小概率的检验是可选的，但是，应用这种类型的检验来确保只接受合理可能的目标类型是一种良好的做法。在许多应用中，最小概率被提供给雷达或由指挥、控制、作战管理（C2BMC）或控制火控系统的舰艇作战系统执行。

本章的其余部分将介绍目标特征、收集目标特征的雷达波形以及用于实现式（6.1）的分类器。

6.3 雷达测量的目标特征

式（6.1）中的特征向量 f 表示为执行目标分类函数而收集的所有目标特征的集合。可能的特征包括：
(1) 运动学（即基于轨迹的特征）；
(2) 签名；
(3) 基于模式。

前两个是基于物理的特性。可能的目标运动学特征包括：
(1) 速度；

(2) 加速或减速；
(3) 高度和高度变化率。
类似地，签名特征可以包括：
(1) 雷达截面（RCS）；
(2) 目标尺寸；
(3) 目标形状；
(4) 相位测量。
基于模式的特征描述了对象的分布。在宏观层面上，具有某种形态的目标可以作为一个实例。

这三类目标特征都有助于对空中、导弹和舰船目标进行分类、鉴别与识别。

6.4 波形和信号处理

6.4.1 分类、鉴别和识别波形

雷达采集目标特征以执行分类、分辨和识别（CDI）功能。用于进行特征测量的波形要随着采集的特征类型而变化。6.3 节中列出的运动学特征通常可从用于跟踪目标的波形中获得。一般来说，这些是带宽相对较窄的波形。由于大多数目标跟踪（TWS 方法除外）使用 1Hz 或更高的数据率，在正常工作中，无须为 CDI 安排额外的波形来采集运动学特征。对于低空范围的工作，可能需要动目标显示（MTI）或脉冲多普勒波形进行探测和跟踪。在这些情况下，可以从脉冲串中提取运动学类型特征。

对于签名特征，可以使用宽范围的波形带宽，从窄带到宽带。同样，多脉冲波形用于杂波抑制或测量距离变化率，从返回的脉冲串中提取特征。

6.4.2 信号处理

对于窄带波形，例如用于目标跟踪的波形，无论是单脉冲波形还是多脉冲波形，都不需要特殊的信号处理。对于前一种波形，典型的信号处理将包括全范围数字脉冲压缩（对于线性调频波形），然后是距离和幅度插值和峰值检测。在后一种情况下，当采用多个脉冲波形时，脉冲匹配滤波之后将进行多普勒处理，再进行上述的检测后的流程。

宽带波形处理依赖用于特征采集的带宽。对于小于 100MHz 左右的带宽，当前的模数转换器（A/D）技术允许数字脉冲压缩。然而，在带宽超过

100MHz 时，匹配滤波通常需要某种形式的"拉伸"或频谱分析类型的处理。对于宽带多脉冲波形，这些脉冲匹配滤波器之后将进行多普勒处理。

同样，对于宽带波形，距离和幅度插值以及峰值检测是必要的，对于某些特征提取的目的，精细相位测量也是必要的。

6.5 特征提取

特征提取，本章中使用的该术语涵盖了雷达测量处理的一大类。对于 6.3 节中描述的特征，可能的特征提取需要如下。

（1）标准跟踪滤波器处理。

① 目标速度和加速度。

② 目标高度和高度变化率（可能需要转换状态向量数据）。

③ 目标旋转速率和加速度（取决于状态向量组成）。

（2）目标 RCS 的计算和平滑。

（3）目标尺寸的计算和平滑。

（4）精细相位测量的计算和平滑。

由于跟踪滤波器执行平滑作为其正常处理的一部分，因此，上述运动学特征提取不需要额外的平滑处理。

6.6 分　类　器

如本书其他部分所述，目标分类器可分为贝叶斯分类器和非贝叶斯分类器。换句话说，要么使用形式贝叶斯规则分类器，要么使用其他方法确定目标类型。后一类分类器可以基于概率，也可以不基于概率，这取决于所实现的特定决策处理。

6.6.1 贝叶斯分类器

贝叶斯分类器是条件概率的贝叶斯规则的一种实现[2-3]：

$$P(c_i|f_i) = \frac{P(f_i|c_j)P(c_j)}{\sum_{k=1}^{M} P(f_i|c_k)P(c_k)} \tag{6.2}$$

式中：$P(c_i|f_i)$ 是在测量特征 i 的前提下出现目标类型 j 的概率；假设 c_j 是基本目标类型 j，则 $P(f_i|c_i)$ 是存在于给定特征 i 出现的条件概率；$P(c_j)$ 是该类的先验概率（即所有 J 类型中出现 j 的概率）。

式（6.2）中的两个条件概率也称为后验概率和特征概率。第 J 个后验概率是分类器的输出，特征均值和类型的概率是分类器数据库的元素。根据基本概率密度、特征均值和误差协方差矩阵计算特征概率，定义为特征均值为

$$\mu_{ij} = E(f_i | c_j) \tag{6.3}$$

式中：f_i 和 c_j 分别是第 i 个特征和第 j 个目标类型。特征误差协方差矩阵 M 为

$$M = E\{\tilde{f}\tilde{f}^{\mathrm{T}}\} = \begin{bmatrix} \sigma_{11}^2 & \rho_{12}\sigma_1\sigma_2 & \cdots & \rho_{1N}\sigma_1\sigma_N \\ \rho_{12}\sigma_1\sigma_2 & \sigma_{22}^2 & \cdots & \rho_{N2}\sigma_N\sigma_2 \\ \vdots & \vdots & & \vdots \\ \rho_{1N}\sigma_1\sigma_N & \rho_{2N}\sigma_2\sigma_N & \cdots & \sigma_{NN}^2 \end{bmatrix} \tag{6.4}$$

得到特征概率：

$$P(f|c_j) = \frac{1}{(\sqrt{2\pi})^N |M|^{\frac{1}{2}}} e^{-\frac{(f-\mu)^{\mathrm{T}} M^{-1}(f-\mu)}{2}} \tag{6.5}$$

式中：f 为被测特征向量；μ 为特征均值向量；M 为特征误差协方差矩阵。当所有特征独立且不相关时，式（6.5）可简化为

$$P(f|c_j) = \frac{1}{\sqrt{2\pi}\sigma_{ij}} e^{-\frac{(f_i - \mu_{ij})^2}{2\sigma_{ij}^2}} \tag{6.6}$$

在现实世界的系统中，作战管理者、指挥与控制或战斗系统将建立一个最小阈值测试，以确定目标类别的后验概率。式（6.2）可递归实现，其中后验概率可用作连续迭代的先验概率。当后验概率不能清楚地指示目标单一类别的决策时，作战管理者或战斗系统可以推迟其决策。

贝叶斯分类器的一个必要条件是必须在分类器数据库中标识出所有可能的目标类型。因为即使正确的类别不是目标假设之一，贝叶斯分类器也总是计算后验概率（并且至少有一个后验概率始终是最大的）。这就是式（6.1）中隐含的最小概率检验的原因。当仅使用最大后验概率作为指标来断定目标类型时，不完整的分类器数据库（即具有无代表性的目标假设）可能会导致虚假和错误的结果。贝叶斯分类器这种固有问题的一个解决方案是定义一个未知或"奇异"的类来适应未识别的目标类型。当使用这种方法时，"奇异"类后验概率可以用来评估由其他后验概率表示的表面上的目标类型的合理性。这种方法对于有效地使用贝叶斯分类器非常重要，类似于在卡尔曼滤波器中加入过程噪声来补偿未建模的目标动态或状态。

考虑到这一局限性，当假设的特征概率分布与真实的基本统计数据相匹配时，使用式（6.5）的贝叶斯分类器是最优的线性分类器。当潜在的概率密度是先验的或者可以通过测量来估计时，贝叶斯分类器可以最佳地使用这些概率

密度。

6.6.2 Dempster-Shafer 分类器

Dempster-Shafer（D-S）分类器是一种非贝叶斯统计分类器，它使用"证据""可信性"和"概率质量"等概念作为目标类型决策的基础。

与贝叶斯分类器使用的条件概率类似，A 类型给定特征 $v1$ 和 $v2$ 的条件概率质量可以表示为

$$m(A|v1,v2)=[m(A|v1)m(A|v2)+m(AvB|v1)m(A|2)+m(A|v1)m(AvB|v2)]/D \quad (6.7)$$

$m(B|v1,v2)$ 的概率质量可以用类似于式（6.7）的方式表示。现在考虑与 A 类或 B 类相关的以特征为条件的概率质量为

$$m(AvB|v1,v2)=[m(AvB|v1)m(AvB|v2)]/D \quad (6.8)$$

式中：D 为分子的和；AvB 表示 A 类或 B 类。

在考虑了所有证据之后，D-S 分类器需要一个决策规则，如 A 类的合理性为

$$P(A)=[m(A)+m(AvB)]/[m(A)+m(AvB)+m(B)+m(AvB)] \quad (6.9)$$

如参考文献 [1, 6] 所述，导致决策的证据是与候选目标假设相关联的概率质量。使用质量组合规则，如式（6.9）所表示的规则，可以计算潜在目标类型的合理性。

D-S 分类器和贝叶斯分类器之间的关键区别在于使用了非正规概率（即概率"质量"），并且与贝叶斯分类器相比，采用了无概率分布的方法，而贝叶斯分类器通常假设一个潜在的高斯概率分布。另一个重要的区别是处理相关特征的能力。贝叶斯理论是通过特征误差协方差矩阵，特别是通过非对角线项将特征相关信息整合在一起。D-S 理论不考虑特征的相关性。对于雷达应用，这可能是 D-S 分类器与贝叶斯方法相比的一个缺陷。尽管可以修改 D-S 分类器以考虑相关特征，但这些调整在本质上是临时的，与贝叶斯分类器相比是次优的解决方案。因此，在基于雷达的 CDI 中使用贝叶斯分类器通常是一种普遍的选择。

6.6.3 决策树分类器

一种简单的目标分类器是具有固定结构和决策规则的决策树。当最小化计算机吞吐量是分类器选择中的一个重要考虑因素，并且特征统计不可用或不能量化时，决策树是可取的。决策树可以采用非定量特征和概念，如"慢目标"对"快目标"，或"短目标"对"长目标"，或"有人目标"对"无人目标"，

以及类似的"模糊"目标的相关属性。

设计决策树的一个关键规则是：在决策过程的早期使用最高质量的特征或那些具有最大鉴别能力的特征，而在决策树的后期使用质量较低或鉴别能力较弱的特征。图6.1描述了一个简单的决策树，用于使用目标总能量（即势能加动能）来分离战术弹道导弹和气动目标（ABT）。

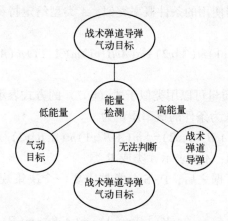

图6.1 典型的决策树分类器

6.6.4 基于规则的分类器

基于规则的算法可以用于目标分类器。这些算法可以使用也可以不使用量化特征，并且可以做出"硬"或"软"决策，这与只做出"硬"决策的简单决策树不同（例如目标可能在 A 类或 B 类中，也可能不在这两个类中）。这些规则通常是逻辑函数，例如"if-then-else"。基于规则的分类器构造示例如下：

$$\begin{aligned}&\text{If }\{\text{速度较慢}\}\\&\text{Then }\{\text{目标为直升机或无人机(UAV)}\}\\&\text{Else }\{\text{目标是坦克或船只}\}\end{aligned} \quad (6.10)$$

或者是：

$$\begin{aligned}&\text{If }\{\text{速度}>v_p\}\\&\text{Then }\{\text{目标是喷气动力的}\}\\&\text{Else }\{\text{目标是螺旋桨动力的}\}\end{aligned} \quad (6.11)$$

可以看出，在决策树中可以使用定性或定量规则。这也提供了使用所谓的模糊逻辑或类似神经处理过程的能力。这些分类器的主要缺点是：从算法训练和分析的角度来看没有系统的解析方法来设计和分析它们。

6.6.5 组合分类器

前面几节讨论的分类器是一些常用的，在参考文献［2-3］中有更多的定义。另一种可能的分类器类型是基于这些（和其他）算法中的一个或多个的组合来创建"组合"分类器。

通常，目标分类处理可以使用高层的决策树作为总体分类器结构。每个节点可以使用不同类型的分类器，如贝叶斯、D-S 或基于规则的方法。由于本章所讨论的分类器各有优缺点，所以最好的解决方案是根据性能、效率等因素，在分类处理的特定阶段选择最佳的分类器对目标进行分离或分类。这种方法可以为雷达应用中遇到的目标分类、辨别和标识问题提供非常强大的解决方案。

6.7 空中目标分类

空中目标分类可以使用 6.6 节中描述的任一或所有分类器类型。所期望的最终结果是将被跟踪的目标分类为不同的类型或样式，以便可以执行后续的雷达处理，如在火控系统的情况下提供拦截器支持。

除了 6.3 节中描述的运动学、签名和基于背景的特征外，通常还可以使用其他数据对空中目标进行分类。一种类型的数据是身份识别（ID），即敌我识别（IFF）。这些数据可从使用敌我识别应答器的合作目标获得。这使得使用敌我识别应答器的友军飞机和舰艇更容易分类。另一种特定的语境特征本质上是程序性的。可以规定飞行走廊之类的操作规则，要求友军飞机在这些走廊内飞行，以控制和识别友军飞机（损坏的飞机除外，因为它们的飞行能力有限或者是安全规则高于走廊的使用规则）。这些伴随着 IFF 的技术表现出了强大的目标 ID 特征。

气动目标具有许多特定的运动学和识别特征，包括：
(1) 速度、加速度、高度和高度变化率；
(2) 可观察到的机动能力；
(3) RCS；
(4) 估计的尺寸；
(5) 目标形状。

上述特征可以与 6.6 节中描述的贝叶斯分类器和非贝叶斯分类器一起使用，以确定可能的目标类，例如：

(1) 飞机；
(2) 无人机；
(3) 直升机；
(4) 巡航导弹；
(5) 其他。

此外，这些技术还可用于将类别细化为类型，或执行识别功能，例如机身类型。

上面列出的目标类别和类型，以及它们相关的后验概率（当使用贝叶斯类型分类器时）可以提供给火控系统。

6.8　弹道导弹目标分类

弹道导弹的分类与空中目标的分类有很大的不同。虽然使用了一些类似的目标特征，但是它们的数值和具体用法不同。弹道导弹目标可以显示以下特征。

(1) 速度、加速度、高度和高度变化率。
(2) 可观察到的机动能力。
(3) RCS。
(4) 尺寸。

对于这些特征和其他特征的使用，最好是由6.6节中描述的贝叶斯分类器来确定可能的目标类，例如：

(1) 战区或战术弹道导弹；
(2) 中程弹道导弹；
(3) 洲际弹道导弹。

然后可以使用鉴别技术进一步将类别细化为类型。

上面列出的目标类别和类型以及它们相关的后验概率（当使用贝叶斯类型分类器时）被提供给C2BMC或舰艇战斗系统，用于计算拦截方案。

6.9　命中或杀伤评估

对于在作战空间和时间允许的情况下进行射击-观察-再射击原则的系统，命中或杀伤评估是一项有价值的雷达功能。成功地确定拦截的有效性可以避免浪费昂贵的拦截器，或者通过在可用和可行的情况下分配额外的拦截器来提高拦截的概率。

命中或杀伤评估（KA）与目标分类大致相同，不同之处是：
(1) 命中；
(2) 杀伤；
(3) 未命中。

像目标分类问题一样，命中或杀伤评估可以使用 6.6 节中描述的任何分类器。

6.10　性能预测

分类性能的粗略计算对于验证目标分类器的正确操作是有价值的。一种用于估计分类性能的方法是 K 因子，定义为

$$K = \frac{\mu_2 - \mu_1}{\sqrt{\frac{1}{2}(\sigma_1^2 + \sigma_2^2)}} \tag{6.12}$$

式中：μ_1、μ_2、σ_1^2、σ_2^2 分别为特征 1 和特征 2 的均值与方差。由于 K 因子为归一化统计距离，如果特征分布的潜在概率密度为高斯分布，则利用式（6.12）或下面的式（6.13）中的适当 K 因子，可以很容易地计算出正确分类的概率。

当分类器使用多个统计独立的特征时，可以计算出一个聚合 K 因子：

$$K_{\text{TOTAL}} = \sqrt{K_1^2 + K_2^2 + K_3^2 + \cdots + K_M^2} \tag{6.13}$$

式中：M 个特征的独立 K 因子可以由式（6.12）计算出。

6.11　参 考 文 献

[1] P. Dempster, et al., *Classic Works on the Dempster-Shafer Theory of Belief Functions*, Springer, 2007
[2] R. Duda, et al., *Pattern Classification*, 2nd Edition, Wiley-Interscience, 2000
[3] K. Fukunaga, *Introduction to Statistical Pattern Recognition*, 2nd Edition, Academic Press, 1990
[4] A. Gelb, *Applied Optimal Estimation*, MIT Press, 1974
[5] S. Theodoridis & K. Koutroumbas, *Pattern Recognition*, 2nd Edition, Academic Press, 2003
[6] G. Shafer, *A Mathematical Theory of Evidence*, Princeton University Press, 1976

第 7 章 相控阵雷达数据处理算法

7.1 引　　言

本章介绍相控阵雷达（PAR）使用的各种雷达数据处理算法。这些算法通常是在软件中实现的，其中许多是在任务应用计算机程序和其他领域中实现的，如信号处理、对准和标校软件等。与前几章的许多理论和应用内容中涉及的主题不一样，本章的主题通常不在雷达系统书籍中讨论。它们经常出现在技术期刊论文和相关文献中，但没有得到统一的处理方法。本章的目的是将这些数据处理算法集中在一个地方，按照算法的目的和类型进行梳理。

讨论的算法包括：
(1) 资源管理（RM）和规划；
(2) 雷达波形调度；
(3) 搜索功能；
(4) 目标数据关联；
(5) 统计跟踪滤波器；
(6) 目标特征提取；
(7) 分类与鉴别；
(8) 雷达硬件命令生成；
(9) 回波处理；
(10) 波形匹配滤波；
(11) 检测处理；
(12) 单脉冲处理；
(13) 相干和非相干积累；
(14) 先导脉冲标校；
(15) 卫星标校；
(16) 数字波束形成（DBF）；
(17) 副瓣对消（SLC）；
(18) 自适应处理；

(19) 统计信号处理。

这些代表了许多雷达应用中所必需的常用算法。

7.2 数据和信号处理算法

上述列出的算法可分为以下几类：
(1) 资源规划和雷达调度；
(2) 搜索和跟踪；
(3) 分类、分辨和识别（CDI）；
(4) 雷达硬件控制；
(5) 雷达测量处理；
(6) 信号处理；
(7) 标校和校准；
(8) 自适应处理；
(9) 统计估计和检测。

下面几节将对这些类别的算法进行阐述。

7.2.1 资源规划和雷达调度算法

7.2.1.1 资源管理

所有相控阵雷达都使用某些形式的资源管理算法，以便为雷达将执行的活动分配雷达工作占空比和时间轴占有率。许多固态 PAR 在短时间内工作占空比被限制在典型的 20%~30% 范围内。对于多功能雷达（MFR），该占空比是一种指定或分配给特定功能的资源，如搜索、跟踪和 CDI 等。

除了占空比，雷达的时间轴也必须管理，因为在许多情况下，相较于与发射占空比，它是一个更有限的资源。时间轴占用率，即雷达执行的所有发射和接收操作的总和必须保持不超过 100%。一般来说，搜索范围大、接收窗口持续时间长，是所有雷达功能中占用时间轴最多的。由于许多 MFR 在 30%~50% 的时间执行搜索，因此，搜索通常是时间轴占用率使用的驱动因素。

更具体地说，RM 算法通常是基于相关的雷达功能和活动优先级。根据雷达执行的特定任务应用，这些优先级可以是静态的（即固定的）或动态的。

许多相控阵雷达通过使用某种形式的雷达活动优先级表来管理任务和占用分配。同样，这些表可以是对雷达可以执行的每个功能的优先级或等级的静态分配，也可以是随着雷达的环境、负载或其他条件动态变化的。这些 RAP 表通常是静态的，而活动类别中的单个活动具有动态的级别或优先级。

一个 RAP 表的示例如表 7.1 所列。RAP 表显示出搜索是雷达最高优先级的任务，而诊断是雷达执行的最低优先级功能。

表 7.1 雷达活动优先级示例表

雷达活动	相对等级或优先级
搜索 跟踪起始 跟踪维持 引导搜索 CDI 再截获目标 导频脉冲校准 诊断	最高级 ↓ 最低级

许多 RM 算法本质上是分层的，通常由长期和短期规划组成。例如，长期计划器（LTP）可能会将雷达活动分配给短期计划器（STP）的间隔，而将特定分配的资源间隔（RI）或资源周期（RP）分配给 STP 或雷达调度算法。

RM 算法的具体实现随雷达任务不同而不同。一些机械转动的 PAR 使用长的 LTP 间隔来适应天线基座或天线支架的惯性。其他雷达，如在高速导弹来袭时舰船的自卫（SSD），由于非常短的反应时间，可能会完全消除 LTP（甚至 STP）。大多数防空雷达和弹道导弹防御雷达使用某些形式的 LTP/STP 来管理雷达的资源，用于可以预先计划的活动（例如以固定的更新率进行跟踪）。

因此，LTP 的间隔可以从长至 300s 到短至 1s 或更短不等，而 STP 的间隔可以从几秒到几分之一秒不等。通常，选择 STP 间隔来匹配长期调度器（LTS）间隔，这将在下一节中进行说明。

7.2.1.2 雷达调度器

雷达调度器（RS）算法将雷达发射和接收操作分配给之前的 STP 函数所确定的时间轴上。雷达调度器通常使用两个子功能实现：长期调度器和短期调度器（STS）。雷达调度程序通常采用这种层次结构，主要有以下几个原因，其中 LTS 和 STS 之间的主要区别如下。

（1）LTS 通常与 STP 间隔的持续时间相匹配。
（2）STS 通常与调度间隔（SI）或资源间隔/周期（RI/P）相匹配。
（3）LTS 将预先计划的 STP 活动转换为发射和接收操作。
（4）STS 将动态发生的发射和接收动作添加到雷达时间轴（如搜索验证或跟踪起始波形）中，这些动作无法预先计划。

下面的内容将描述3种类型的调度程序。图7.1显示了一种层次化的RM/RS结构。

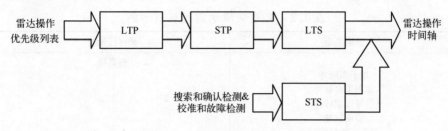

图7.1 基本的RM/RS层次结构

1. 单功能调度器

这种类型的调度程序通常专用于单一的雷达功能或任务。一个例子是船舶自卫应用程序的目标跟踪。由于该功能的目的是检测和跟踪来袭的高速导弹，因此其时间轴非常短（如通常与相干波形驻留的时间相匹配）。对于这种情况，可能没有足够的时间使用图7.1中所示的层次化 RM 和 RS 结构。相反，使用先验目标捕获和跟踪策略来调度每个脉冲或脉冲序列，以简化和限制所需的 RS 处理。实际上，这种 RS 算法的主要输入通常是跟踪数据。这些数据用于安排后续的跟踪维持（TM）波形。

2. 多功能调度器

有许多类型的多功能调度程序，如用于早期预警、防空、导弹防御火控应用等。RS 的两大类是基于模板和自适应算法。下面将会进行讨论。

（1）基于模板调度器。基于模板的调度程序可以通过几种方式实现。然而，基于模板的 RS 的关键属性是使用预定义的雷达活动模式。图7.2显示了早期预警雷达波形模板。这个固定模板将搜索（S）、跟踪（T）和故障检测（FD）交织在一个重复的模式中。

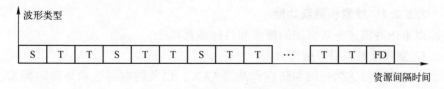

图7.2 早期预警雷达调度模板

（2）自适应调度器。同样，有许多自适应调度的实现。自适应调度器的关键特性是能够根据当前环境和雷达功能优先级动态调度雷达。与使用固定模式不同，自适应调度器将以满足多个调度规则的情况下，以优先级方式将发射和接收操作放置在时间轴上。例如,波形优先级的这些规则可能如表7.2所列。

表7.2 自适应雷达调度规则示例

波形类型	调度优先级
相干多脉冲 非相干多脉冲 引导搜索脉冲 验证脉冲 跟踪起始脉冲对 跟踪维持脉冲对 宽带鉴别脉冲 地平线栅栏搜索脉冲	最高级 ↓ 最低级

因此,根据表7.2中的规则,当分配资源(即计划的)时,多脉冲波形首先放在时间轴上,然后是引导搜索脉冲(也是计划的)。依此类推,在检测任何对象之前,只计划地平线栅栏搜索,因此,它将具有最高的调度优先级。

显然,这种类型的调度器比基于固定模板的调度器更复杂。因此,这将导致更多的计算密集型调度算法和大量相关的计算机代码。

(3) 混合调度器。当RS需要不同程度或不同级别的灵活性时,可以使用混合调度方法。这些混合RS算法使用一个基本模板将函数分配给资源间隔,如图7.1所示,但使用了一种自适应方法在给定的资源间隔内放置特定波形。换句话说,可以使用基于规则或自适应算法在单个资源间隔内创建多个调度间隔,其中可以在资源间隔级别使用模板方法。

7.2.2 搜索和跟踪算法

下面的小节将涉及相控阵雷达中常见的搜索和跟踪算法。

7.2.2.1 搜索和截获功能

以下内容描述一些常用的搜索和目标截获算法。

1. 立体搜索和引导搜索

在相控阵雷达执行例如防空作战(AAW)以及防空雷达和导弹防御雷达的交接时,立体搜索和引导搜索是常见的两种搜索类型。由于立体搜索是这些类型雷达的一个基本功能,因此AAW雷达通常使用立体搜索。AAW雷达和搜索雷达通常工作在S波段及以下的频率。相对较大的天线波束宽度在这些工作波段与较高工作频率的雷达相比,在天线孔径相同的情况下,尽量减少进行立体搜索所需的波束数目。例如,在孔径相同的情况下,一个S波段波束范围可以包含 7~9 个 X 波段天线波束范围，如图 7.3 所示（该比值由雷达波长的平方给出）。

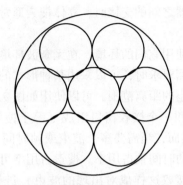

图 7.3　等效孔径下 S 波段与 X 波段天线波束对比

立体搜索通常通过指定方位角、仰角和距离范围，还包括帧时间和虚警概率来定义。可能的立体搜索"栅格"的结构如图 7.4 所示。

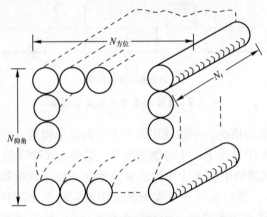

图 7.4　立体搜索栅格结构

帧时间（T）定义为完成一次遍历搜索立体范围所需的时间。通常，选择立体搜索的虚警概率来产生指定的虚警率。这样在试图获取和跟踪起始虚警时到可接受的水平，以最大限度地减少雷达资源（占空比和时间轴占用）的浪费。例如，对于在 2s 的帧时间内搜索具有 100 个波束和 1000 个距离单元（即 10^5 个距离-角度单元）的立体范围，若要将虚警率限制为每秒 5 个，则一个距离-角度单元需要 10^{-4} 的虚警概率。此计算如下式所示：

$$P_{FA} = \frac{N_{FA}T}{N_b N_r} = \frac{5 \times 2}{10^5} = 10^{-4} \tag{7.1}$$

对于固定阵列天线雷达，波束控制通常是在正弦空间坐标系中进行的，角度是用方向余弦 u 和 v 来表示的。对于天线可转动的系统则是用方位角和仰角表示。当用于雷达传感器之间的交接时，立体搜索通常以惯性空间中的一个点为中心。

搜索波形将取决于使用它们的环境。在无杂波环境中，当有足够的单脉冲信噪比（SNR）满足检测要求时，可以采用某种形式的波形模板。对于时间轴占用不是问题的相对较小的距离范围，可以使用如图 7.5 所示的模板。可以看到，该模板由一个发射和一个接收窗口组成（等于搜索距离范围的持续时间加上发射脉冲长度）。然而，当需要多个波束或帧时间较短时，这种类型的搜索波形会超过其被分配的时间轴占用率。搜索占用率可以根据执行搜索所需的波束速率（用于发射和接收这样成对出现的波束）进行评估。当所需的波束速率超过执行搜索可用的波束速率时，称为"占用受限"。

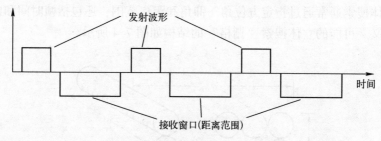

图 7.5 立体搜索可能的波形模板

对于占用受限的情况，不能使用图 7.5 中的波形模板。相反，必须使用不同的模板。图 7.6 中显示了一个可能的模板。这里，N 个子脉冲按顺序（类似于"霰弹枪"）到栅格中的 N 个不同波束位置（并以不同的频率发射避免相邻波束之间的串扰），然后是与 N 个发射波束相对应的 N 个同时接收波束。这种方法需要 N 个天线波束形成器（或数字波束形成）、接收机通道和信号处理器通道，但在非常大的搜索距离范围内，可以将时间轴占用率降低近 N 倍。

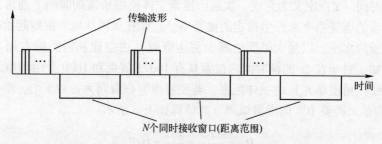

图 7.6 适用于占用受限立体搜索的可能波形模板

第 7 章 相控阵雷达数据处理算法

引导搜索实际上是立体搜索的一种特殊形式，其中以角度和范围为中心的搜索是由传播的目标状态向量和交接源或"引导"提供的有效时间指定。引导或状态向量的来源可以是不同的雷达、同一个雷达（为自我引导）或者一个电光（EO）传感器，这些可以位于地球表面（如陆基或海基）、空中（如机载传感器、飞机或无人飞行器）或空间（如卫星）。对于图 7.4～图 7.6 中描述的示例，使用的搜索栅格和波形类型与用于固定立体搜索的栅格和波形相同。

2. 地平线搜索栅栏

地平线搜索是立体搜索的一种特殊形式，主要用于导弹早期预警和弹道导弹防御雷达。与更一般的立体搜索不同，地平线搜索通常仅限于少数仰角行，通常只有一行。其基本目的是探测和截获弹道导弹。对于探测距离足够远的远程雷达进行这些搜索的前提是：任何接近和上升的弹道导弹都必须穿越地平线栅栏。这些搜索是基于累积检测概率，这在本书的前面已经讨论过。

图 7.7 显示了一个基本的地平线栅栏示例。在本例中，栅栏的方位角为 ±60°，并以高出当地地平线 3 度的仰角竖立。在图中，天线波束的 3dB 宽度在 80% 处交叠。这是一种相当常见的波束排列密度，在方位角覆盖范围内提供了几乎平坦的 SNR 响应。

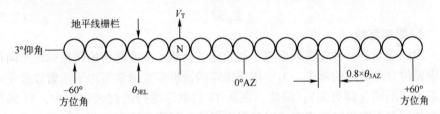

图 7.7 典型的地平搜索栅栏

基本的栅栏设计策略是使用雷达距离方程来确定雷达搜索栅栏的大小，导弹将在栅栏覆盖范围内至少探测 N 次以达到预期的累积检测概率。与立体搜索情况一样，根据式（7.1）中使用的表达式，选择虚警概率来实现期望的虚警率。

3. 搜索验证

搜索验证处理是防止试图获取虚警（以及由此造成的雷达资源浪费）的关键算法。尽管不需要获取目标，但使用较高的单脉冲虚警概率来验证是可取的。

通常，验证过程是将和搜索类似的波形（如相同的射频频率和带宽）或搜索类似的波形序列发送到原始搜索检测的天线波束位置。当验证波形不能证实搜索检测时，原始的搜索检测很可能是虚警。当然，当搜索检测被验证波形所证实时，就表明存在真实的目标。

由于使用了两种波形（搜索和验证），因此，可以在检测过程中的搜索和验证步骤之间分配雷达资源与性能的概率。这些功能之间的平衡允许优化资源（即雷达总工作任务和时间轴占用率最小化），以达到假目标的总体期望截获概率。要在使用搜索和验证时，需要对这两个操作都产生虚警才能表明是对假目标的截获。这个概率由以下公式给出：

$$P_{\text{FA 截获}} = P_{\text{FA-搜索}} P_{\text{FA-验证}} \tag{7.2}$$

例如，为了达到 10^{-6} 的虚假目标截获概率，式（7.2）中后两种概率可以分别是 10^{-4} 和 10^{-2} 进行搜索与验证错误概率。

假设一个简单的 Swerling Ⅰ型目标起伏模型，则不经验证的截获概率为

$$P_{\text{截获}} = (P_{\text{FA 截获}})^{\frac{1}{1+\text{SNR}_{\text{截获}}}} \tag{7.3}$$

对于经过验证的情况，得到的概率为

$$P_{\text{截获}} = (P_{\text{FA-搜索}})^{\frac{1}{1+\text{SNR}_{\text{搜索}}}} (P_{\text{FA-验证}})^{\frac{1}{1+\text{SNR}_{\text{验证}}}} \tag{7.4}$$

如果分配给搜索加验证的能量（E_V）小于搜索操作和后续不希望的跟踪起始（TI）操作所需的能量（E_{TI}）时（即在搜索检测为虚警），或者等效于以下情况，则可以提高雷达资源利用率：

$$E_{TI} > E_V \tag{7.5}$$

4. 跟踪起始

跟踪起始是一种收集数据用于初始化统计跟踪滤波器初始化目标状态向量和误差协方差矩阵的算法。由于用于跟踪的波形带宽通常与用于搜索或验证的波形带宽不同（即更大），因此，在从 TI 到跟踪维持的过渡过程中，TI 函数通常使用与跟踪相同的带宽，以确保更好地匹配跟踪波形。

两种常见的 TI 波形是单脉冲序列和脉冲对序列。前一种方法可以采用 M 取 N 方案，其中至少需要 M 个检测来建立目标状态向量。后一种方法需要检测给定脉冲对的两个脉冲来启动跟踪。当线性调频（LFM）或"啁啾"波形用于 TI 时，后一种方法通常采用先"上啁啾"后再"下啁啾"的方法，以获得准确和不模糊的距离和距离变化率（即通过利用与匹配滤波 LFM 波形相关的距离-多普勒耦合）。

7.2.2.2 目标数据关联

下面的内容描述一些用于执行数据关联（DA）的常见算法，即"回波-航迹"的关联，在使用多目标跟踪过滤器时跟踪维持是必要的。

1. 最近邻算法

最近邻（NN）算法是执行 DA 功能的最简单方法。NN 的基本前提是，最

接近现有目标航迹预测位置的检测最可能与该航迹相关。对于稀疏的目标环境，NN 算法具有良好的性能。然而，在空间密集的物体或严重的杂波后向散射情况下，NN 的性能会很差。当然，就计算机吞吐量和算法复杂度而言，它是"最经济"的。

对于测量斜距和两个角度的雷达（即三坐标雷达），性能度量为探测和跟踪的归一化统计距离度量，由下式给出：

$$X_{ij}^2 = \frac{(R_i - \hat{R}_j)^2}{\sigma_R^2 + \sigma_{\hat{R}}^2} + \frac{(\theta_i - \hat{\theta}_j)^2}{\sigma_\theta^2 + \sigma_{\hat{\theta}}^2} + \frac{(\phi_i - \hat{\phi}_j)^2}{\sigma_\phi^2 + \sigma_{\hat{\phi}}^2} \tag{7.6}$$

式中：每个分子是雷达测量值与其跟踪滤波器预测估计值之间的差值，每个分母中的误差方差分别为测量值和估计值。这个距离度量为随机变量，对于高斯测量和估计误差具有卡方概率密度，在式（7.6）中是 3 个自由度。式（7.6）可以扩展为包含任意数量的目标测量值或特征。

NN 方法使用一个准则，该准则在以下情况下将检测 i 与轨迹 j 相关联：

$$X_{ij}^2 \leqslant X_{lj}^2 \quad \forall l \text{ 中的任意值} \tag{7.7}$$

2. 概率和联合概率数据关联

概率 DA（PDA）和联合概率（JPDA）算法将概率与检测-跟踪对关联起来，其中假设目标分布遵循均匀分布概率模型。JPDA 是联合考虑多个跟踪和检测，而不是像 PDA 那样独立考虑。对于杂波中密集分布的物体或目标，JPDA 可以提供比简单 PDA 方法更优越的性能，若与 NN 相比，JPDA 更是具有极为优越的性能。

联合关联概率由下式给出：

$$P\{\theta(k)|Z^k\} = \frac{1}{c} \frac{\phi!}{m(k)!} \mu_F(\phi)^{-\phi} \prod_j \{f_{ij}[z_j(k)]\}^{ij} \prod_t (P_D^t)^{\delta t} (1 - P_D^t)^{1-\delta t} \tag{7.8}$$

式中：假设目标在立体空域上是均匀分布的。θ_{jt} 是当 $j = 1, 2, \cdots, m$ 和 $t = 0, 1, \cdots, N_T$ 时，测量 j 是源于目标 t（即跟踪时）的事件。参数 t_j 是在考虑的事件中与测量 t_j 相关联的航迹索引，N_T 是已知的航迹数目，V、$\phi(\theta)$ 和 $\tau_j(\theta)$ 分别是立体空域（假设在测量/跟踪时被认为是均匀分布的）、$\theta(k)$ 中虚假非相关测量值的错误总数以及测量关联指标（由 Bar-Shalom 定义[1]）。这种技术导致中等到高的计算机吞吐量的使用和中等复杂程度的数据处理实现。当目标空间分布不均匀且已知或可由测量值估计时，可替换均匀密度假设，以获得更优的性能。

3. NN-JPDA

NN-JPDA 是一种复合算法，使用"最近邻算法"下的 NN 方法作为预处理,以识别出合理"接近"给定航迹的候选检测集合。此后的是 JPDA 算法的应用,该算法描述为"概率和联合概率数据关联",对 NN 算法选择的检测子集进行操作。相对于 JPDA 算法,这种算法复杂度的轻微增加可以将计算机吞吐量需求降低到中等程度,从而使其在相对吞吐量使用方面处于 NN 和 JPDA 之间。

4. 多假设跟踪

多假设跟踪(MHT)是一种优化的 DA 方法,它创建并传播了大量的检测-跟踪的假设,以最终达到正确的回波-航迹关联。在其最一般的形式中,假设是在每个跟踪滤波器更新时对每个新的检测-跟踪对形成假设。因此,可能的假设数量随着时间呈几何级数增长。

然而,由于每个可能的关联都是由 MHT 算法传播的,根据定义,所有正确的回波-航迹关联都会被建立(不幸的是,还有一些错误的关联)。由于每个假设都用于更新一个不同的跟踪滤波器,通常卡尔曼或扩展卡尔曼滤波器系列,如果允许持续不减少,MHT 的使用可以导致计算机吞吐量的逐步增加。Blackman 和 Popoli[2]对 MHT 的基本理论进行了详细的描述,因此这里不再讨论具体的算法细节。

在实际应用中,可以在每个阶段或跟踪更新时删除或"修剪"一些不太可能的假设(如基于物理规则)。修剪的一种方法是传播和测试每个假设的关联概率,并排除那些不超过指定最小概率的假设。另一种方法是使用类似于 NN 的"检测-跟踪"邻近测试来确定假设,以类似于 NN-JPDA 方法的从进一步考虑中剔除假设。必须明智地使用这些特殊的修剪技术,以在接近最佳的关联性能与吞吐量使用之间进行折中。像许多这样的算法一样,仿真技术通常用于调整特定应用程序和目标环境下的性能。

7.2.2.3 统计跟踪滤波器

下面的小节描述了一些常用的跟踪滤波器。

1. $\alpha-\beta$ 和 $\alpha-\beta-\gamma$ 滤波器

无论是在算法复杂度和还是在计算机吞吐量使用方面,这是最简单的一类跟踪滤波器。虽然这些滤波器在本质上并不是真正具有统计特性(即它们是确定性定义的),但由于它们仍然广泛用于某些跟踪应用中,所以这里介绍它们。此类中的大多数滤波器使用"固定"增益或确定选择增益常数,通过以下方式更新目标状态向量:

$$\hat{x}_{k+1} = \Phi \hat{x}_k + k_k(z_k - H\hat{x}_k) \tag{7.9}$$

式中:k 为常数增益或从查找表中确切计算得到的增益。

式(7.9)可改写为

$$\hat{x}_{k+1} = (\boldsymbol{\Phi} - k_k \boldsymbol{H})\hat{x}_k + k_k z_k \tag{7.10}$$

式中：矩阵 $\boldsymbol{\Phi}$ 是状态转移矩阵；$\boldsymbol{H}$ 是观测矩阵；k 是增益向量；z_k 是第 k 个测量向量。当过滤位置和速度时，式（7.10）称为 $\alpha\text{-}\beta$ 滤波器。当把加速度添加到状态向量式（7.10）时，滤波器称为 $\alpha\text{-}\beta\text{-}\gamma$ 滤波器。

滤波器增益的计算可采用解析法或蒙特卡罗法离线进行。增益可以是常量，也可以通过确定性函数或查找表周期性地变化。由于没有对增益的实时计算，这些滤波器在软件实现中是最简单的，并且使用的计算机吞吐量最少。

2. 卡尔曼滤波器（KF）

这些跟踪滤波器确实属于统计滤波器的类型。将目标状态向量建模为随机过程，卡尔曼滤波器也使用前面两个滤波器使用的式（7.9）和式（7.10）的预测-校正形式。然而，增益向量现在是一个随机过程，在每次滤波器更新时计算。该算法对目标状态向量和误差协方差矩阵都进行了传播和更新。

KF 增益计算方法为

$$k_k = \boldsymbol{P}_{k+1|k}\boldsymbol{H}[\boldsymbol{H}\boldsymbol{P}_{k+1|k}\boldsymbol{H} + \boldsymbol{R}_k]^{-1} \tag{7.11}$$

式中：$\boldsymbol{P}_{k+1|k}$ 和 $\boldsymbol{R}_k$ 分别为预测状态误差协方差与测量协方差矩阵。

预测或传播状态误差协方差矩阵为

$$\boldsymbol{P}_{k+1|k} = \boldsymbol{\Phi}\boldsymbol{P}_{k+1|k}\boldsymbol{\Phi}^{\mathrm{T}} + \boldsymbol{Q}_k \tag{7.12}$$

式中：$\boldsymbol{Q}_k$ 为过程噪声协方差，是对 KF 模型不确定性的度量（即由转移矩阵 $\boldsymbol{\Phi}$ 体现的系统模型的不精确性）。

设计良好或适当调整的卡尔曼滤波的一个关键属性是独立的、统计上"白色"或不相关的估计误差残差的概念，也称为"新息"，其中误差残差的定义为

$$\text{residual} = z_k - \boldsymbol{H}\hat{x}_k \tag{7.13}$$

残差的统计白化度是指误差的不相关性质。这是 KF 推导所依据的准则。

KF 实现的计算需求是增益量的计算，即式（7.11），它需要对一个 $N \times N$ 矩阵求逆。式（7.13）有许多高效的且条件良好的数值计算方法，可以避免直接进行矩阵求逆。

对于线性估计问题，KF 是最小均方误差意义下的最优线性滤波器。对于非线性估计问题，KF 是最优线性滤波器。下一小节将讨论非线性解。

3. 扩展卡尔曼滤波器（EFK）

EKF 是为解决固有非线性问题而设计的线性滤波器。EKF 是一种线性逼近的 KF，主要处理非线性目标动力学（即非线性系统模型）或非线性测量方程（即为状态向量的非线性函数的测量值）或两者兼有。这些滤波器是基于泰勒级数展开的精确非线性方程，其中只保留了展开的线性项。根据应用的不

同，可以对状态向量或测量向量的方程进行线性化。EKF 方程与 KF 方程非常相似，它只是使用了非线性表达式的线性化版本。

由于要解决问题的非线性，简单的离散时间或采样数据形式不能总是使用，除非有较高的滤波器更新率（其中的非线性可能不太明显）。相反，通常需要数值积分来精确地适应这些影响（如 Runge-Kutta 型数值积分方法）。同样，雅可比矩阵也用于非线性表达式相关的坐标系之间的变换。由于非线性动力学和"测量-状态"的映射，式（7.10）和式（7.12）是受此影响最大的表达式。

4. 交互多模型（IMM）滤波器

IMM 滤波器基于先前描述的 KF 和 EKF，除了不再采用单个模型（具体来说，例如通过状态转移矩阵 $\boldsymbol{\Phi}$，采用多个模型，其输出是 M 个独立滤波器的混合解）。

具有启发性地看，只要至少有一个模型接近底层处理，一组调整到不同模型的 KF 似乎就是最佳解决方案，就变成了选择"正确"的滤波器输出。IMM 滤波器利用混合概率来组合 M 滤波器的输出，从而得到最优解。

描述 IMM 状态和协方差估计的方程为

$$\hat{\boldsymbol{x}}(k|k) = \sum_{j=1}^{r} \hat{\boldsymbol{x}}^{j}(k|k)\mu_{j}(k) \tag{7.14}$$

式中：$\hat{\boldsymbol{x}}^{j}(k|k)$ 是第 j 个滤波器的更新状态；$\mu_{j}(k)$ 是底层目标模型是第 j 个情况的概率。同时有

$$\boldsymbol{P}(k|k) = \sum_{j=1}^{r} \mu_{j}(k)\{\boldsymbol{P}^{j}(k|k) + [\hat{\boldsymbol{x}}_{j}(k|k) - \hat{\boldsymbol{x}}(k|k)][\hat{\boldsymbol{x}}^{j}(k|k) - \hat{\boldsymbol{x}}(k|k)]^{\mathrm{T}}\}$$

$$\tag{7.15}$$

式中：$\boldsymbol{P}^{j}(k|k)$ 为与第 j 个滤波器相关的协方差矩阵。

当采用 M 个模型时，IMM 滤波器的计算量比 KF 或 EKF 高约 M 倍。由于这些滤波器只将每个滤波器传播到未来的一步（即每个模型一个假设），计算机的吞吐量和内存是恒定的，不像 MHT 方法，其吞吐量和内存使用量随着每个滤波器的更新呈指数增长，也就是说，增长大约为 kN^{L}，其中 N 是假设的数量，L 是滤波器更新的数量。可以想象，即使 N 和 L 通过修剪不可能的假设而受到限制，IMM 方法的计算量也要小得多。另一方面，虽然 MHT 方法是最优的（在执行合理的修剪时可能接近最优），IMM 则是次优的。然而，所有因素都考虑在内，当单一模型对于要跟踪的目标类型或目标轨迹的不同阶段不够用时，如弹道导弹，IMM 滤波器是很有吸引力的解决方案。

5. 交互多模-联合概率（IMM-JPDA）滤波器

就与 MHT 和 IMM 方法进行比较而言，IMM-JPDA 的集合更像是完全相同的比较。在这种跟踪方法中，JPDA 用于数据关联，IMM 用于状态估计。由于其相对于 MHT 方法的效率，IMM-JPDA 滤波方法无论是在实现复杂性还是计算机吞吐量使用方面都是一个很好的选择。另外，当需要强调数据关联环境时，使用多个模型是有益的，MHT 也可以与 IMM 一起使用。

7.2.3 分类、鉴别和识别

下面几节描述用于执行分类、分辨和识别（CDI）处理的组成要素的算法。

7.2.3.1 目标特征提取

这些类型的算法从原始的雷达测量值和跟踪状态向量估计中获得所需的目标特征。目标特征有运动学特征和签名特征两大类。

1. 运动学特征

这些特征是从跟踪状态向量中提取或计算出来的。常见的运动学特征包括目标速度和加速度、高度、高度变化率和高度加速度。目标提取的两个子函数是特征计算和特征调节。

运动学的特征计算包括计算目标状态向量中没有明确包含的量。常见的例子包括基于高度的特征。特征调节通常需要某种类型的滤波或平滑来减少特征噪声。由于状态向量值是被定义为平滑的，调节通常只适用于从运动学计算出来的特征，特别是当由于非线性操作（如三角函数、逆函数、指数函数）而产生的噪声。

2. 签名特征

签名特征包括基于目标幅度的特征，如 RCS 和相关量。由于所有签名特征都是主要计算出来的量，因此特征调节非常重要。当目标类之间的运动学特征不明显，即类与类之间存在重叠时，签名特征可以成为强有力的鉴别器。

3. 特征均值和协方差

特征提取的另一个关键要素是计算特征均值、误差方差和相关系数的估计值，即误差协方差矩阵的元素。理想情况下，这些协方差矩阵是与不同目标类相关的测量误差和目标相关误差的函数。特征调节均值是给定特征的期望值，以特定的目标类型为条件：

$$\mu_{ij} = E(f_i | c_j) \tag{7.16}$$

式中：f_i 和 c_j 分别是第 i 个目标特征和第 j 个目标类型。特征误差协方差矩阵定义为

$$M = E\{\tilde{f}\tilde{f}^T\} = \begin{bmatrix} \sigma_{11}^2 & \rho_{12}\sigma_1\sigma_2 & \cdots & \rho_{1N}\sigma_1\sigma_N \\ \rho_{12}\sigma_1\sigma_2 & \sigma_{22}^2 & \cdots & \rho_{N2}\sigma_N\sigma_2 \\ \vdots & \vdots & & \vdots \\ \rho_{1N}\sigma_1\sigma_N & \rho_{2N}\sigma_2\sigma_N & \cdots & \sigma_{NN}^2 \end{bmatrix} \quad (7.17)$$

当使用统计分类器，如贝叶斯算法时，需要使用式（7.16）和式（7.17）的某种形式作为分类器显式的元素，在贝叶斯的情况下，它们是必要的数据库数量。当将决策树用于分类器时，这些量可用于推导决策边界。

7.2.3.2 目标分类器

下面的小节将介绍一些常用的分类器算法。

1. 贝叶斯分类器

这种无处不在的统计分类器是基于条件概率的贝叶斯规则[3-4]：

$$P(c_i|f_i) = \frac{P(f_i|c_j)P(c_j)}{\sum_{k=1}^{M} P(f_i|c_k)P(c_k)} \quad (7.18)$$

式中：$P(c_i|f_i)$ 是在测量特征 i 的前提下出现目标类型 j 的概率；假设 c_j 是基本目标类型 j，则 $P(f_i|c_i)$ 是存在于给定特征 i 出现的条件概率；$P(c_j)$ 是该类的先验概率（即所有 J 类型中出现 j 的概率）。

式（6.2）中的两个条件概率也称为后验概率和特征概率。第 J 个后验概率是分类器的输出，特征均值和类型的概率是分类器数据库的元素。根据基本概率密度、特征均值和误差协方差矩阵计算特征概率，定义在式（7.16）和式（7.17）中。对于高斯分布的特征概率，概率密度的形式为

$$P(f|c_j) = \frac{1}{(\sqrt{2\pi})^N |M|^{\frac{1}{2}}} e^{-\frac{(f-\mu)^T M^{-1}(f-\mu)}{2}} \quad (7.19)$$

式中：f 为被测特征向量；μ 为特征均值向量；M 为特征误差协方差矩阵。当所有特征独立且不相关时，式（7.19）可简化为

$$P(f|c_j) = \frac{1}{\sqrt{2\pi}\sigma_{ij}} e^{-\frac{(f_i-\mu_{ij})^2}{2\sigma_{ij}^2}} \quad (7.20)$$

在现实世界的系统中，作战管理者、指挥与控制或战斗系统将建立一个最小阈值测试，以确定目标类别的后验概率。式（7.20）可递归实现，其中后验概率可用作连续迭代的先验概率。当后验概率不能清楚地指示目标单一类别的决策时，作战管理者或战斗系统可以推迟其决策。

贝叶斯分类器的一个要求是必须在分类器数据库中识别所有可能的目标类。这是至关重要的，因为贝叶斯分类器总是计算后验概率，即使正确的类别

不是目标假设之一（至少有一个后验概率是最大的）。因此，如果仅使用最大后验概率作为指标来声明目标类别，不完整的分类器数据库可能会导致虚假和错误的结果。针对贝叶斯分类器固有的这个问题特征，一个解决方案是定义一个未知或"奇异"类，以适应未识别的目标类别。该方法利用奇异类后验概率来评价其他后验概率所表示的目标类别的合理性。这种方法对于有效地使用贝叶斯分类器非常重要。

考虑到这一局限性，假设特征概率分布与真实特征统计量匹配时，利用式（7.19）的贝叶斯分类器是最优线性分类器。当其他潜在的概率密度是先验已知的或者可以通过测量来估计时，贝叶斯分类器可以最佳地使用这些概率密度。

2. Dempster-Shafer 分类器

Dempster-Shafer（D-S）分类器是一种非贝叶斯统计分类器，它使用"证据""可信性"和"概率质量"等概念作为目标类型决策的基础。

与贝叶斯分类器使用的条件概率类似，A 类型给定特征 $v1$ 和 $v2$ 的条件概率质量可以表示为

$$m(A|v1,v2) = [m(A|v1)m(A|v2) + m(AvB|v1)m(A|2) + m(A|v1)m(AvB|v2)]/D \tag{7.21}$$

$m(B|v1,v2)$ 的概率质量可以用类似于式（7.21）的方式表示。现在考虑与 A 类或 B 类相关的以特征为条件的概率质量为

$$m(AvB|v1,v2) = [m(AvB|v1)m(AvB|v2)]/D \tag{7.22}$$

式中：D 等于分子的和；AvB 表示 A 类或 B 类。

在考虑了所有证据之后，D-S 分类器需要一个决策规则，如 A 类的合理性为

$$P(A) = [m(A) + m(AvB)]/[m(A) + m(AvB) + m(B) + m(AvB)] \tag{7.23}$$

如参考文献 [5-6] 所述，导致决策的证据是与候选目标假设相关联的概率质量。使用质量组合规则，如式（7.23）所表示的规则，可以计算潜在目标类型的合理性。

D-S 分类器和贝叶斯分类器之间的关键区别在于使用了非正规概率（即概率"质量"），并且与贝叶斯分类器相比，采用了无概率分布的方法，而贝叶斯分类器通常假设一个潜在的高斯概率分布。另一个重要的区别是处理相关特征的能力。贝叶斯理论是通过特征误差协方差矩阵，特别是通过非对角线项将特征相关信息整合在一起。D-S 理论不考虑特征的相关性。对于雷达应用，这可能是 D-S 分类器与贝叶斯方法相比的一个缺陷。尽管可以修改 D-S 分类器以考虑相关特征，但这些调整在本质上是临时的，与贝叶斯分类器相比是次

优的解决方案。因此，在基于雷达的 CDI 中使用贝叶斯分类器通常是一种普遍的选择。

3. 决策树分类器

一种简单的目标分类器是具有固定结构和决策规则的决策树。当最小化计算机吞吐量是分类器选择中的一个重要考虑因素时，并且特征统计不可用或不能量化时，决策树是可取的。决策树可以采用非定量特征和概念，如"慢目标"对"快目标"，或"短目标"对"长目标"，或"有人目标"对"无人目标"，以及类似的"模糊"目标的相关属性。

设计决策树的一个关键规则是：在决策过程的早期使用最高质量的特征或那些具有最大鉴别能力的特征，而在决策树的后期使用质量较低或鉴别能力较弱的特征。图 7.8 描述了一个简单的决策树，用于使用目标总能量（即势能加动能）来分离战术弹道导弹和气动目标。

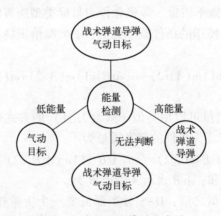

图 7.8 典型的决策树分类器

4. 基于规则的分类器

基于规则的算法可以用于目标分类器。这些算法可以使用也可以不使用量化特征，并且可以做出"硬"或"软"决策，这与只做出"硬"决策的简单决策树不同（如目标可能在 A 类或 B 类中，也可能不在这两个类中）。这些规则通常是逻辑函数，如 "if-then-else"。基于规则的分类器构造示例如下：

$$\begin{aligned}&\text{If } \{速度较慢\}\\&\text{Then } \{目标为直升机或无人机(UAV)\}\\&\text{Else } \{目标是坦克或船只\}\end{aligned} \qquad (7.24)$$

或者是：

If {速度>v_p}
Then {目标是喷气动力的} (7.25)
Else {目标是螺旋桨动力的}

可以看出，在决策树中可以使用定性或定量规则。这也提供了使用所谓的模糊逻辑或类似神经处理过程的能力。这些分类器的主要缺点是：从算法训练和分析的角度来看没有系统的解析方法来设计和分析它们。

5. 组合分类器

正如人们所料，前面几节讨论的分类器是一些常用的，在参考文献 [3-4] 中有更多的定义。另一种可能的分类器类型是基于这些（和其他）算法中的一个或多个的组合来创建"组合"分类器

通常，目标分类处理可以使用高层的决策树作为总体分类器结构。每个节点可以使用不同类型的分类器，如贝叶斯、D-S 或基于规则的方法。由于本章所讨论的分类器各有优缺点，所以最好的解决方案是根据性能、效率等因素，在分类处理的特定阶段选择最佳的分类器对目标进行分离或分类。这种方法可以为雷达应用中遇到的目标分类、辨别和标识问题提供非常强大的解决方案。

7.2.4 雷达硬件控制

下面的小节描述一些常用的雷达硬件控制算法和处理。

7.2.4.1 波形控制

这些算法控制波形的产生和传输功能。两者通常都与雷达激励器或发射机子系统的控制有关。提供给激励器的关键数据有波形频率、脉冲长度、调制类型和参数、发射时间、初始相位等。具体以一个例子来说明，未编码的（CW）5μs 脉冲，工作频率为 5GHz，发射执行时间为 1ms。另一个例子是具有 1GHz 带宽的 1ms 上啁啾（LFM），工作频率为 10.2GHz，开始时间为 1.5ms，初始相位偏移为 0°。在每次发射时，这些参数必须提供给激励器。注意：波形也可以是脉冲-多普勒操作所必需的相干和非相干脉冲序列，或分别用于实现相干积累或非相干积累。

7.2.4.2 天线转向控制

这些算法控制天线的转向，可以是机械控制、相位控制、延时控制，也可以是这些方法的组合。对于固定电控阵列（ESA），大多数转向指令从方位角和仰角转换为方向余弦 u 和 v。接下来，根据所采用的电控转向类型，相移、延时，或两者的组合可以由波束指向产生器（BSG）硬件子系统的指令来控制。每个发射和接收操作都需要这些指令。

对于机械控制的天线，伺服指令可能包括天线旋转速率、所需的方位角和仰角位置等。旋转天线可能需要转速指令。在使用这些类型的天线时，必须使用与天线基架或底座运动相关的动力学模型（如由伺服控制系统参数、电动机和天线质量定义）来推导天线基架/底座指令。这些指令必须按照天线伺服控制系统要求的速率提供。

7.2.4.3 接收控制

这些算法是对波形控制算法的补充。必须命令雷达接收机（或多个接收机）在期望的距离窗口（即监听间隔）内对回波进行射频下变频和采样。参数包括波形频率、脉冲长度（或波形编码）、带宽、调制、距离窗口启动时间（相对于发射时间）、距离窗口范围和 A/D 采样率等。还有指令与接收机处理有关，如对拉伸处理波形所需的去斜（或去啁啾）混合或下变频。同样，每个接收操作都需要这些指令。

7.2.5 雷达测量处理

这些算法通常称为回波处理，在下面的部分中进行描述。

7.2.5.1 幅度和相位校准

回波处理的一个主要目标是幅度和相位校准的应用。校准数据通常来自"导频脉冲"校准处理产生的。该校准处理在信号处理输出处收集注入雷达前端的波形的数据，以获得系统参数的相关范围。其他系统级校准数据来自跟踪校准目标（如标校卫星）收集的数据，这通常是基于绝对幅度和相位精度。

7.2.5.2 距离校准

这些算法利用来自导航脉冲处理和卫星跟踪的"距离零点"等校准数据来调整报告的目标距离。另一方面，多脉冲积累所需的时间对齐是基于跟踪数据的，是在波形产生时由激励器控制的预测时移。

7.2.5.3 单脉冲校准

单脉冲校准基于测量数据调整信号处理机报告的与频率相关、与天线模式相关、与波形脉冲长度和带宽相关的单脉冲比（实部和虚部）。利用实测数据提取天线的单脉冲斜率非线性等特性。校正应用于信号机提供的原始单脉冲测量值。

7.2.5.4 通道对齐

对于多通道雷达（如采用单脉冲、副瓣匿影、副瓣对消或自适应处理的），则必须确保所有通道相对于时间、振幅和相位的相对对齐。同样，这通常是基于先导脉冲校准处理的数据来执行的。这些校准所需的精度是由系统级需求驱动的，如指定的人为干扰或非人为干扰的消除。

7.2.5.5 雷达截面积校准

这种幅度校正与通道间校准不同,是基于跟踪已知 RCS 目标的绝对标定,如标校卫星。这些标定数据与频率、波形和自动增益控制(AGC)有关。用于 RCS 或 SNR 计算的每个回波的幅度在使用之前由适当的 RCS 校准因子进行调整。

7.2.6 信号处理

这些算法包括脉冲匹配滤波、检测处理、单脉冲处理、插值和峰值检测、相干和非相干多脉冲积累。这些将在下面的小节中进行更详细的描述。

7.2.6.1 匹配滤波

匹配滤波算法是输出信噪比最大化准则下的最优波形处理。因此,雷达处理几乎总是在检测处理之前使用匹配的滤波器。大多数雷达使用线性调频(LFM 或啁啾调制)波形,数字匹配滤波器通常分为两类:全距离数字脉冲压缩和"拉伸"处理(也称为频谱分析)。

前一种方法用于中、低带宽,如搜索和跟踪。数字脉冲压缩的一般形式如图 7.9 的方框图所示。

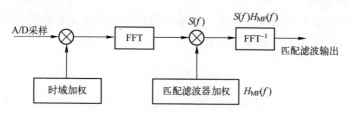

图 7.9 数字脉冲压缩处理

从图 7.9 可以看出,基本信号处理"积木块"是图 7.10 所示的快速傅里叶变换结构图。利用该结构块,可以合成任何类型的数字匹配滤波器。

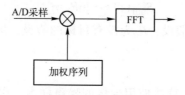

图 7.10 基本快速傅里叶变换"积木块"

拉伸处理包括接收机中的去斜(或去啁啾)下变频,然后由信号处理器进行频谱分析。因此,可通过裁剪图 7.10 中的结构块来合成拉伸处理的信号处理部分,从而得到图 7.11 中的框图。

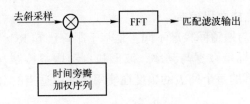

图7.11 拉伸处理的频谱分析部分

7.2.6.2 检测处理

检测算法实现了匹配滤波输出的阈值化,目的是指出目标回波[7]。通常,有几种检测阈值的方法,包括:

(1) 噪声阈值;
(2) CFAR 阈值;
(3) 线性检测器;
(4) 对数检测器;
(5) RCS 阈值。

这些算法将在下面的小节中进行描述。

1. 噪声阈值

这是最简单的阈值确定算法。将噪声采样序列作为函数频率、带宽、方位角、仰角等进行采集,利用该函数估计背景噪声的平均值:

$$\eta_{\text{AVE}} = \frac{1}{N_{\text{S}}} \sum_{i=1}^{N_{\text{S}}} n_i \tag{7.26}$$

通过选择足够多的样本来计算式 (7.26),可以得到任意精确的噪声估计。该噪声估计用于如下形式的阈值测试:

$$\begin{aligned} S_{\text{OUT}}(t) &\overset{H_1}{>} -\ln P_{\text{FA}} \eta_{\text{AVE}} \\ S_{\text{OUT}}(t) &\overset{H_0}{\leqslant} -\ln P_{\text{FA}} \eta_{\text{AVE}} \end{aligned} \tag{7.27}$$

式中:H_1 为目标存在的假设;H_0 为没有目标的假设,即只存在噪声;P_{FA} 为虚警概率。

2. CFAR 阈值

恒虚警率(CFAR)算法使用少量的噪声样本,引导和滞后于被测信号,计算如式 (7.26) 所定义的背景噪声估计。由于平均样本数较少,估计误差较大,因此,与"噪声阈值"描述下的噪声阈值相比,采用该阈值方法会造成损失。

该阈值检验与式 (7.27) 相同,不同之处是将等式右侧替换为下列任意一项：

$$-\ln P_{\text{FA}} \eta_{\text{AVE-LEAD}}$$
$$-\ln P_{\text{FA}} \eta_{\text{AVE-LAG}}$$
$$-\ln P_{\text{FA}} \left(\frac{\eta_{\text{AVE-LEAD}}+\eta_{\text{AVE-LAG}}}{2} \right) \quad (7.28)$$
$$-\ln P_{\text{FA}} \max(\eta_{\text{AVE-LEAD}},\eta_{\text{AVE-LAG}})$$
$$-\ln P_{\text{FA}} \min(\eta_{\text{AVE-LEAD}},\eta_{\text{AVE-LAG}})$$

用 M 个最大的样本（如距离单元）截去或从噪声平均计算中删除。

如上所述，相对于理论（理想的）噪声阈值，在检测中存在 CFAR 损失。根据参考文献 [8]，随着领先和滞后平均值中使用的样本数量的变化，以及使用线性或对数处理该值也会变化。图 7.12 描述了一个基本的 CFAR 处理框图。

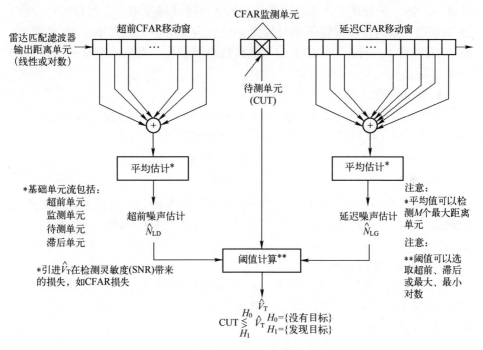

图 7.12　CFAR 处理框图

3. 线性和对数检测器

线性和对数检测器是两种常用的检测方案（第三种是平方律检测器）。线性检测器由式（7.27）和式（7.28）定义。由于对数处理用于需要大动态范围的情况（如在严重的杂波环境中），并且在当今的雷达硬件中动态范围的问题要小得多，因此，它们比对数处理方法更普遍。

紧接着匹配滤波器之后的对数转换器会对动态范围压缩，允许处理更大范围的由小到大的信号。然而，这种处理的缺点是由于对数处理器固有的非线性响应，有可能抑制大目标附近的小目标。因此，对对数检测器而言，当小目标近在接近大目标时，小目标可能会损失几个分贝（如在导弹防御场景中遇到的再入飞行器或火箭助推器附近的弹头）。

对数检测器如果类似于式（7.27），可得

$$\log_2[S_{\text{OUT}}(t)] \overset{H_1}{\underset{H_0}{\gtrless}} \log_2[-\ln P_{\text{FA}}] + \log_2 \eta_{\text{AVE}} \tag{7.29}$$

虽然在式（7.29）中使用了以 2 为底的对数，但任何底数都可以使用。在式（7.29）中使用底为 2 的对数便于数字处理（即使用二进制算法），而以 10 为底的对数的使用提供了以分贝为单位的检测阈值，只需乘以 10 倍即可。对于 log-CFAR，与式（7.27）定义的线性检测相比，对数检测器的可检测性有所下降。

4. RCS 阈值

有时，需要过滤或筛选小的 RCS 目标（如鸟类）作为检测的候选对象。RCS 阈值可用于此目的，其中指定 RCS 的预测幅度可计算为

$$\eta_{\text{RCS}} = \sqrt{\frac{k_{\text{RADAR}} \text{RCS}}{R^4}} \tag{7.30}$$

式中：k_{RADAR} 为雷达增益常数（雷达距离方程参数的函数，包括天线发射和接收增益、波长和发射机峰值功率）；R 为阈值测试应用的斜距。η_{RCS} 可以代入式（7.27）中的右侧项，即 $-\ln P_{\text{FA}} \eta_{\text{AVE}}$。

7.2.6.3 单脉冲处理

这些信号处理算法用于从 Σ、α、β 单脉冲通道电压中提取目标角估计（即方位角和高度角，或固定相控阵天线情况下的方向余弦 u 和 v）。基本的一阶线性尺度变换为

$$\begin{aligned} \varepsilon_{\text{AZ}} &= \text{Re}\left\{ \frac{\theta_3}{k_{\text{m-AZ}}} \frac{\alpha}{\Sigma} \right\} \\ \varepsilon_{\text{EL}} &= \text{Re}\left\{ \frac{\theta_3}{k_{\text{m-EL}}} \frac{\beta}{\Sigma} \right\} \end{aligned} \tag{7.31}$$

式中：θ_3 和 k_m 是天线 3dB 的接收波束宽度和单脉冲斜率；ε_{AZ} 和 ε_{EL} 分别是方

位角和仰角误差（即相对于天线电孔径）；Re{ }是复值单脉冲的实部。式（7.31）中的虚部可用于编辑未解析的目标数据，以防止跟踪或目标分类或识别的崩溃。

7.2.6.4 相干和非相干积累

这两种算法用于通过在7.2.6.2节描述的阈值操作之前叠加多个目标回波来提高目标可检测性。相干积累利用幅度和相位测量来增加多个、脉冲到脉冲的相干目标回波，通过：

$$S_{CI}(t) = \sum_{i=1}^{N} [S_I(i) + S_Q(i)] \quad (7.32)$$

或者，当脉冲到脉冲的回波不相干时，只累加回波幅度，而不是如式（7.32）所示的向量添加，从而得到

$$S_{NCI}(t) = \sqrt{\sum_{i=1}^{N} [S_I(i)^2 + S_Q(i)^2]} \quad (7.33)$$

7.2.7 标定和校准

标定和校准的两种主要类型是内置处理与基于跟踪对象的方法。它们在下面的小节中描述。

7.2.7.1 内置标定和校准

雷达设计可以包含几个内置校准技术。一种常见的方法通常称为"先导脉冲"处理。该算法包括将射频信号注入所有接收通道，并计算校准它们对齐所需的时间、幅度和相位误差。这些数据被存储，然后应用于不同通道的输出信号。用于导频脉冲处理的波形覆盖了工作频率、脉冲长度、ACG设置、带宽等的全部范围，并且对所得输出进行处理，以针对上述每种不同的参数组合编译所需的校准系数。

其他类型的内置标定和校准技术，包括诸如获取发射和接收信号样本以用于调整某些雷达测量值。此外，天线子阵和阵列测试都可用于验证天线组件的对齐。

7.2.7.2 跟踪基于对象的标定和校准

这些类型的校准是在系统级执行的，包括跟踪现实世界的目标，如气球和校准卫星。基于跟踪的标定和校准覆盖了雷达处理链中未被内置方法（如先导脉冲处理）覆盖的部分。这些方法需要对跟踪已知的并且具有校准的RCS值的气球或卫星，以及跟踪已知轨道数据的卫星。前一种类型的跟踪对象可用于采集RCS测量值作为工作频率、波形带宽等的函数，以建立RCS校准系数，也可以用来采集波形响应数据，计算匹配滤波器"副本"。后一类目标，即公

制校准卫星,可用于测量距离、方位角和仰角,并计算这些测量的校准系数作为工作频率、波形带宽等的函数。具有非常精确的测量精度要求的雷达将使用这些技术来校正可重复的由硬件引起的变化和偏差(即系统误差)的测量值。这些校正在第7.2.5节中描述的测量处理算法中得到了应用。

7.2.8 自适应处理

以下内容代表了用于减轻干扰和有意阻塞噪声干扰影响的算法。这些技术有三大类[8,10]。

(1)副瓣对消(单、多)。

(2)自适应阵列。

(3)空-时自适应处理。

描述自适应阵列的理论也可以应用于自适应多普勒信号处理。这3种技术将在下面的小节中描述。

7.2.8.1 副瓣对消

单副瓣对消器(SLC)和多副瓣对消器(MSLC)是最常用的非人为干扰和人为干扰的对消技术。这两种方法的主要区别在于,MSLC同时处理 M 个辅助天线信道,最多可以抵消 M 个非人为干扰源或人为干扰源。

采用 M 个辅助天线(即 M 个对消"环")的MSLC的基本框图如图7.13所示。

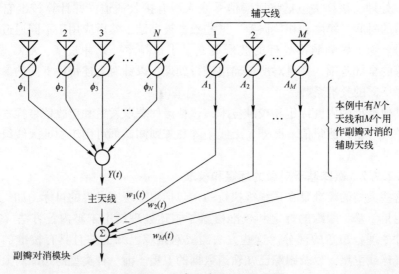

图7.13 M 自由度的MSLC框图

SLC 的概念是使用辅助天线估计人为干扰或非人为干扰,并将其从主天线方向图响应中减去。基于 SLC 的系统输出为

$$z(t) = j(t)[g_m(\theta_J) - w^* g_a(\theta_J) \exp(-j2\pi f_0 \tau_j)] \quad (7.34)$$

式中:$j(t)$ 为干扰电压的复包络;$g_m(\theta_J)$ 为主天线在干扰方向(θ_J)的增益;w^* 为权值 w 的复共轭;$g_a(\theta_J)$ 为辅助天线在干扰方向(θ_J)的增益;f_0 为工作射频频率;τ_j 为主天线和辅助天线之间的传输延迟。

对于单 SLC 的权值,由下式得出:

$$w = \frac{E\{y(t)j(t)^*\}}{E\{j(t)j(t)^*\}} = \rho \frac{P_{\text{MAIN}}}{P_{\text{AUX}}} \quad (7.35)$$

式中:ρ 为主辅通道的相关系数;P_{MAIN} 和 P_{AUX} 分别为主辅通道的功率。

副瓣对消器的作用是减小干扰源方向上天线合成方向图的增益。MSLC 以类似的方式工作,只不过 M 个权重是使用式(7.35)的向量矩阵形式求解:

$$w = E\{\boldsymbol{\varepsilon}\boldsymbol{\varepsilon}^{*\text{T}}\}^{-1}E\{\boldsymbol{y}\boldsymbol{\varepsilon}^*\} \quad (7.36)$$

式中:右边的第一项是 M 个辅助通道的误差协方差矩阵;第二项是主通道和 M 个辅助通道的互相关向量。如果干扰源小于 M 个,则将使用大于 1 的自由度来对消单个干扰源。

7.2.8.2 自适应阵列

自适应阵列是 MSLC 的逻辑扩展,它利用更大的自由度来减少人为和非人为干扰。这里,自适应阵列不使用辅助天线,而是使用主天线阵列的 N 个单元或子阵。自适应阵列的框图如图 7.14 所示。

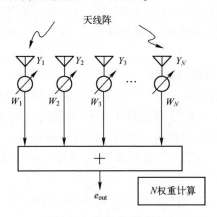

图 7.14 自适应阵列框图

虽然自适应阵列和 MSCL 的结构框图有所不同,但处理过程非常相似。自适应权向量为

$$w_{\mathrm{OPT}} = R^{-1}s \tag{7.37}$$

式中：R 为误差协方差矩阵；s 为互相关向量，定义为

$$s = E\{yy_n^*\} \tag{7.38}$$

或者，s 可以被认为是期望的导向向量。可以看出，式（7.36）和式（7.37）在形式上非常相似。

MSLC 和自适应阵列方法的关键都是误差协方差矩阵和互相关向量的计算。有几种方法可以得到这些量。第一种方法是通过对一些测量值进行平均来估计协方差矩阵，即计算

$$R = \frac{1}{N_s} \sum_{i=1}^{N_s} yy^{*\mathrm{T}} \tag{7.39}$$

这种技术称为采样矩阵求逆（SMI）方法。可以预见，由于 w 是随机过程，式（7.39）中的平均过程减少了估计误差。因此，当 N_s 接近 ∞ 时，w 接近 w_{OPT}。经验法则是 $N_s = 2N$ 将相对于 w_{OPT} 的误差减小到 3dB 左右，$N_s = 4N$ 将误差减小到 1dB 左右，见参考文献 [9]。

求解权向量的其他方法包括将协方差矩阵分解为上三角和下三角形式（上对角线（U-D）分解）。这使得求解 SMI 方法无须显式计算如式（7.37）所定义的矩阵逆。另一种方法是递归最小二乘（RLS）技术。RLS 使用迭代技术计算权重向量的最小二乘误差解。随机搜索技术也可用于选择一个权重向量，通过评估剩余干扰电平使用随机算法来选择 w 的值。

两种常用的权向量计算方法是 SMI 和 U-D 分解（以及求解 N 个方程和 N 个未知量的相似矩阵方法）。对于相同的条件，两种方法产生相似的性能，尽管后一种方法在数值上更稳定或条件更好（如当小干扰源与大干扰源的比值较大时）。

7.2.8.3 空-时自适应处理

STAP 主要用于机载雷达和天基雷达，但是这些概念同样适用于由于恶劣环境条件而需要在空间和时间维度上进行调整的所有雷达。空间自适应与 7.2.8.2 节中的自适应阵列相同。然而，时域（或频域）自适应在概念上是不同的。在许多应用中，当空间滤波不能满足要求时，需要对杂波进行频谱滤波。

时间或频率方法与自适应运动目标指示器（AMTI）或自适应多普勒处理相同。图 7.15 描述了在时域中工作的 STAP 处理器，由 E. Parsons 提供。

可以看出，STAP 具有 N 个空间权值和 K 个时间权值，提供了总的 NK 自由度（DoF）。附加自由度可用于消除宽带干扰源，因为宽带干扰要求每个源有一个以上的自由度。STAP 方法还可用于通过合成用于目标检测的杂波抑制

第7章 相控阵雷达数据处理算法

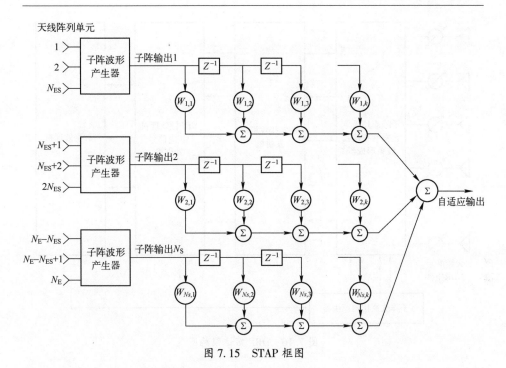

图 7.15 STAP 框图

滤波器(或预白化滤波器)来消除杂波。

NK 权值的计算可以类似于自适应阵列,但对于后者,必须估计高阶协方差矩阵而不是 $N \times N$ 协方差矩阵。与 7.2.8.2 节所述的协方差估计算法类似,包括 SMI、U-D 因子分解、RLS 和随机方法均可用于 STAP 权值计算。

7.2.8.4 数字波束形成(DBF)

尽管 DBF 不是一种自适应处理算法,但它确实提供了支持这些算法的特性。基本的 DBF 雷达结构如图 7.16 所示。从根本上说,接收机被放置在每个天线单元、超级单元(即由公共源驱动的单元组)或子阵列后面,取决于所需的 DoF,其输出转换为数字形式(此接收机在这里称为"数字"接收机)。DBF 将通常的"硬连接"和差波束形成器(通过硬件实现,如波导、同轴电缆、射频电路板)替换为所需的尽可能多的不同天线组合或"通道"。这些数字形成的波束或处理通道以通常的方式用于形成跟踪所需的单脉冲天线方向图(Σ、α、β),或者用于创建分区的天线孔径或多个同时接收波束。在多通道体系结构中,使用 DBF 的系统级成本是每个 DoF 需要单独的接收机和信号处理链路。

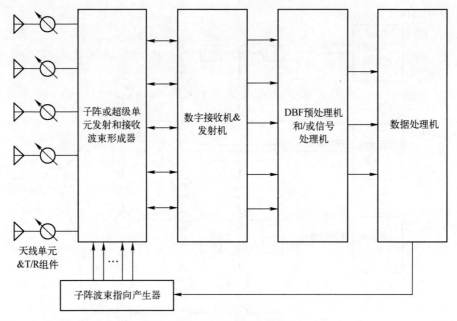

图 7.16 DBF 雷达架构图

7.2.9 统计检测和估计

检测算法已经在 7.2.6.2 节中进行了描述。尽管那些也都是统计性质的，但它们仅限于有关目标及其环境的简单假设。以下小节所述的统计检测和估计表示更一般的检测和估计算法，这些算法放松了 7.2.6.2 节中的基本假设，从而产生更一般的算法和处理[7,11]。

7.2.9.1 广义似然比检验

当问题存在未知方面时，广义似然比检验（GLRT）是一种有效的目标检测技术，包括目标和环境参数[7,11]。当似然比检验（LRT）的任何必要参数是未知随机变量，或者可以这样建模时，GLRT 允许使用未知量的估计。这类似于 7.2.8 节中由 MSLC 和自适应阵列算法执行的处理，它们估计未知误差协方差矩阵以计算自适应权重。

似然比（LR）可表示为

$$\lambda(y) = \frac{p(y|H_1)}{p(y|H_0)} \qquad (7.40)$$

式中：两个目标假设 H_0 和 H_1 分别表示"无"（即无目标或仅有噪声）和"目标加噪声"假设。如果 LR 中规定的概率是未知参数（如目标幅度、RCS 波动特性、频率、相位）的函数，则必须在执行式（7.40）之前对其进行估计。在这种情况下，使用广义似然比（GLR）代替 LR。

假设给定 H_0 和 H_1 的条件概率被定义为高斯分布随机变量：

$$p(y|H_0) = \frac{1}{\sqrt{2\pi\sigma_n^2}}\exp\left\{-\frac{y^2}{2\sigma_n^2}\right\}$$

$$p(y|H_1) = \frac{1}{\sqrt{2\pi\sigma_s^2}}\exp\left\{-\frac{(y-A)^2}{2\sigma_s^2}\right\} + \frac{1}{\sqrt{2\pi\sigma_n^2}}\exp\left\{-\frac{y^2}{2\sigma_n^2}\right\} \quad (7.41)$$

将式（7.41）代入式（7.40），得到 LR：

$$\lambda(y) = \frac{p(y|H_1)}{p(y|H_0)} = \frac{\frac{1}{\sqrt{2\pi\sigma_s^2}}\exp\left\{-\frac{(y-A)^2}{2\sigma_s^2}\right\} + \frac{1}{\sqrt{2\pi\sigma_n}}\exp\left\{-\frac{y^2}{2\sigma_n^2}\right\}}{\frac{1}{\sqrt{2\pi\sigma_n}}\exp\left\{-\frac{y^2}{2\sigma_n^2}\right\}} \quad (7.42)$$

现在，考虑信号幅度 A、信号和噪声功率的均方根（RMS）σ_s^2 和 σ_n^2，分别是未知参数并被建模为随机变量的情况，则式（7.42）的 LR 变成 GLR，即

$$\lambda(y) = \frac{p(y|H_1)}{p(y|H_0)} = \frac{\frac{1}{\sqrt{2\pi\hat{\sigma}_s^2}}\exp\left\{-\frac{(y-\hat{A})^2}{2\hat{\sigma}_s^2}\right\} + \frac{1}{\sqrt{2\pi\hat{\sigma}_n}}\exp\left\{-\frac{y^2}{2\hat{\sigma}_n^2}\right\}}{\frac{1}{\sqrt{2\pi\hat{\sigma}_n}}\exp\left\{-\frac{y^2}{2\hat{\sigma}_n^2}\right\}} \quad (7.43)$$

式中：$\hat{A}$、$\hat{\sigma}_s^2$ 和 $\hat{\sigma}_n^2$ 分别是 A、σ_s^2 和 σ_n^2 的估计值。这些估计值可以表示为

$$\hat{A} = E\{A\}$$
$$\hat{\sigma}_s^2 = E\{\sigma_s^2\} \quad (7.44)$$
$$\hat{\sigma}_n^2 = E\{\sigma_n^2\}$$

这些估计值可以使用 7.2.8 节中描述的自适应处理算法的样本平均法来计算。产生的 GLRT 如图 7.17 所示。

7.2.9.2 统计估计

在 7.2.9.1 节中介绍了一种统计检测算法，该算法使用目标和环境参数的估计作为检测方法的要素。其他形式的统计估计也在雷达处理中得到了广泛的应用。前面讨论的两个应用是统计跟踪滤波器（如 KF）和统计目标分类器（如贝叶斯分类器）。统计估计技术在参考文献 [1-4，7-11] 中有更详

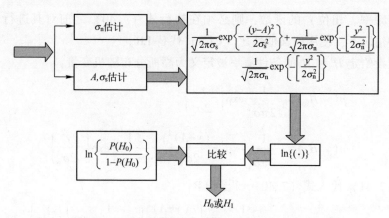

图 7.17 高斯噪声中高斯信号的 GLRT 例子

细的介绍。

基于新息的检测算法（IBDA）。另一种统计检测方法是基于新息的检测算法（IBDA），见参考文献 [11]。这种统计检测的一般方法基于预测-校正结构，例如在跟踪算法中使用该结构，与在 7.2.9.1 节中介绍的 GLRT 相结合。

如果将复值基带数据定义为向量 x，为计算方便，定义一个随机目标信号向量 s、干扰向量 c，则可以得到 2 个假设：

$$H_0: x = c$$
$$H_1: x = s + c \tag{7.45}$$

式中：c 和 s 是独立的。因此，由式（7.45）中的两个假设得到的基带数据的条件概率为

$$P_0(x|H_0) = \frac{1}{\pi^N \det(R_c)} \exp(-x^H R_s^{-1} x)$$
$$P_0(x|H_1) = \frac{1}{\pi^N \det(R_s + R_c)} \exp(-x^H [R_s + R_c]^{-1} x) \tag{7.46}$$

利用式（7.46），log-LR 为

$$l = x^H (R_c^{-1} - [R_s + R_c]^{-1}) x = \hat{s} R_c^{-1} x \tag{7.47}$$

式中：R_s 为零均值高斯随机向量；R_c 为协方差矩阵；$\hat{s}$ 是 s 的平滑 MMSE 的值，定义为

$$\hat{s} = R_s (R_s + R_c)^{-1} x \tag{7.48}$$

式（7.47）和式（7.48）表示上述标准预测-校正形式。与其他需要矩阵逆的应用一样，式（7.48）可以使用上下三角分解或其他类似的数值稳定解

来实现。

式(7.47)的检验统计量是最优接收机结构的一般新息表达式,这就是IBDA一词的来源。如果两种假设下的数据都可以表示为自回归(AR)过程,那么,这个公式就变得简单了,即

$$H_0: \boldsymbol{x}(k) = \sum_{i=1}^{M_0} b_{M_0}(i) \boldsymbol{x}(k-i) + \boldsymbol{e}_0(k)$$
$$H_1: \boldsymbol{x}(k) = \sum_{i=1}^{M} a_M(i) \boldsymbol{x}(k-i) + \boldsymbol{e}_1(k)$$
(7.49)

式中:两个误差项是独立的、同分布的、零均值高斯随机变量的方差 σ_0^2 和协方差 $\sigma_1^2 \sigma_1^2$。

现在,log-LR 可以表示为

$$L = \sum_{k=1}^{N} \left[\ln\left(\frac{d_0^2(k)}{d_1^2(k)}\right) + \frac{|\boldsymbol{e}_0(k)|^2}{d_0^2(k)} - \frac{|\boldsymbol{e}_1(k)|^2}{d_1^2(k)} \right] \quad (7.50)$$

通过定义:

$$d_1^2(k) = \sigma_1^2, \quad k = 1, 2, \cdots, N-M$$
$$d_0^2(k) = \sigma_0^2, \quad k = 1, 2, \cdots, N-M_0$$
$$\gamma_1^2(k) = \begin{cases} 1, & 1 \leq k \leq N-M \\ d_1^2(k)/\sigma_1^2, & N-M < k \leq N \end{cases}$$
$$\gamma_0^2(k) = \begin{cases} 1, & 1 \leq k \leq N-M_0 \\ d_0^2(k)/\sigma_0^2, & N-M_0 < k \leq N \end{cases}$$
(7.51)

式(7.50)可以表示为

$$L = -\sum_{k=1}^{N} \left[\ln\left(\frac{\sigma_1^2}{\sigma_0^2}\right) + \ln\left(\frac{\gamma_1^2(k)}{\gamma_0^2(k)}\right) + \frac{|\boldsymbol{e}_1(k)|^2}{\sigma_1^2 \gamma_1^2(k)} - \frac{|\boldsymbol{e}_0(k)|^2}{\sigma_0^2 \gamma_0^2(k)} \right] \quad (7.52)$$

一般来说,L 的值是以计算求和序号小于 $\{N-\max(M_0, M)\}$ 的项为主,式(7.52)中的第二项可以忽略。这样得到 L 为

$$L = -\sum_{k=1}^{N} \left[\ln\left(\frac{\sigma_1^2}{\sigma_0^2}\right) + \frac{|\boldsymbol{e}_1(k)|^2}{\sigma_1^2} - \frac{|\boldsymbol{e}_0(k)|^2}{\sigma_0^2} \right] \quad (7.53)$$

因此,使用 IBDA 和 AR 模型的一般统计检测器是将式(7.53)中的 L 应用于选择的阈值,以确保指定的虚警概率(P_{FA})的测试。

7.3 参 考 文 献

[1] Y. Bar-Shalom, *Multitarget–Multisensor Tracking: Principles and Techniques*, YBS, 1995
[2] S. Blackman & R. Popoli, *Design and Analysis of Modern Tracking Systems*, Artech House, 1999
[3] R. Duda, et al., *Pattern Classification*, 2nd Edition, Wiley-Interscience, 2000
[4] K. Fukunaga, *Introduction to Statistical Pattern Recognition*, 2nd Edition, Academic Press, 1990
[5] G. Shafer, *A Mathematical Theory of Evidence*, Princeton University Press, 1976
[6] P. Dempster, et al., *Classic Works on the Dempster-Shafer Theory of Belief Functions*, Springer, 2007
[7] H. Van Trees, *Detection, Estimation and Modulation Theory, Part 1*, Wiley-Interscience, 2001
[8] R. Nitzberg, *Radar Signal Processing and Adaptive Systems*, 2nd Edition, Artech House, 1999
[9] D. Manolakis, *Statistical and Adaptive Signal Processing*, Artech House, 2005
[10] R. A. Monzingo & T. M. Miller, *Introduction to Adaptive Arrays*, SciTech, 2003
[11] S. Haykin & A. Steinhardt, *Adaptive Radar Detection and Estimation*, Wiley, 1992

第8章 干扰抑制技术

8.1 引　　言

战术部署的相控阵雷达（PAR）经常会在无意和有意干扰可能会降低性能的环境中工作。本章介绍了干扰抑制的概念。参考文献 [1-3, 5-6, 9] 是该主题的背景资料。本章涵盖的主题包括以下几种。

(1) 电子干扰的来源和类型。

① 无意干扰。

② 电子攻击：

副瓣噪声干扰；

主瓣干扰和转发干扰。

(2) 副瓣匿影（SLB）。

(3) 副瓣对消（SLC）。

(4) 多副瓣对消（MSLC）。

(5) 自适应处理。

(6) 数字波束形成（DBF）。

(7) 频率捷变和跳频。

(8) 扇区消隐（接收和发射）。

8.2 电子干扰源

8.2.1 意外干扰

任何带内射频（RF）源都可以视为潜在干扰源。意外类型包括：

(1) 广播电台；

(2) 电视台；

(3) 手机和基站；

(4) 其他雷达;

(5) 其他带内辐射设备。

这些射频源可以是窄带的,也可以是相对于雷达工作带宽更宽的。然而,真正的无意干扰的优势属于前一类。

由于大多数无意干扰源的窄带性质,通常可以采用信号处理器进行频率剔除来消除这些干扰的影响。当然,这是假定干扰不会使雷达前端饱和,也就是说,雷达天线和接收机具有足够的线性动态范围来适应较大的 RF 信号电平。

8.2.2 有意干扰源

8.2.2.1 副瓣噪声干扰

电子干扰(ECM)或电子攻击(EA)的最常见形式是将宽带噪声干扰指向天线副瓣方向,以提高前端热噪声噪底并降低有效信噪比或信号干扰比。干扰源可以在相对于雷达、空基或天基平台的任何范围内,并且可以表现出大范围的功率电平。通常,这种类型的干扰机将能量分布到雷达的整个工作频带。

8.2.2.2 主瓣和转发干扰

第二种主要的有意干扰是针对天线的主瓣。主瓣干扰在本质上可以与 8.2.2.1 节中讨论的副瓣干扰类似,并且可以位于目标上,或者更可能位于目标周围的平台上。前者称为自卫干扰,后者称为随队干扰。此外,可以使用大范围的干扰功率电平,带宽通常将匹配或超过雷达的工作带宽。

转发干扰的目的是"欺骗"雷达,或产生"诱饵"雷达回波,即虚假目标,意在使雷达的检测和跟踪能力超载。另外,转发干扰的目的可能是"距离门"或"速度门"窃取(即破坏跟踪功能)。复杂的转发干扰装置还可以同时改变回波的视在距离和视在多普勒频率,即进行位置欺骗和速度欺骗。

8.3 电子防护或电子对抗

以下各节描述了雷达设计人员用来减轻干扰有害影响的多种技术。

8.3.1 副瓣匿影

副瓣匿影实际上并不能完全算作一种电子对抗措施(ECCM),而是一种编辑天线副瓣回波的方法，该方法可能会影响雷达的跟踪功能，包括第 5 章中介绍的数据关联算法。其基本概念是对所有候选目标回波进行测试，以确定它是起源于天线主瓣还是来自副瓣。图 8.1 说明了 SLB 概念。处理的形式为

$$\text{如果} \frac{\text{return}_{\text{main}}}{\text{return}_{\text{aux}}} \geqslant k_{\text{SLB}} \frac{g_{\text{main}}}{g_{\text{aux}}}, \text{则保持输出，否则关闭主通道} \quad (8.1)$$

式中：$\text{return}_{\text{main}}$ 和 $\text{return}_{\text{aux}}$ 分别为主天线回波与辅助天线回波能量；k_{SLB} 为 SLB 增益因子；g_{main} 和 g_{aux} 分别为主天线和辅助天线的电压增益。

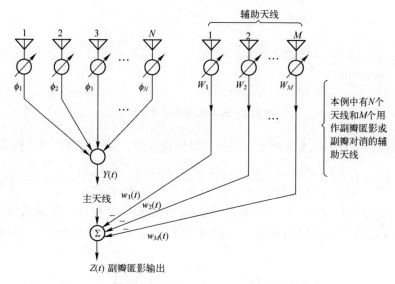

图 8.1 基本的副瓣匿影处理

8.3.2 副瓣对消

基本的副瓣对消（SLC）如图 8.2 所示。SLC 也使用辅助天线。然而，为了消除干扰源，SLC 将辅助天线的信号和作用于主天线的信号加权和。

这些类型的干扰抑制可以使用闭环（即使用反馈置零）或开环（即不使用反馈）技术来计算辅助权重，以估计干扰功率和到达角用于 SLC 的处理过程。SLC 消除干扰源的性能取决于权重计算方法以及干扰功率、相关的 RF 带宽及其到达的角度方向（即它们在天线副瓣结构中进入天线的位置）。

对于非常窄带的干扰（如点频干扰），SLC 可以实现近乎完美的消除。但是，对于宽带干扰，MSLC 会消耗多个自由度用来对消单个干扰源。单个 SLC

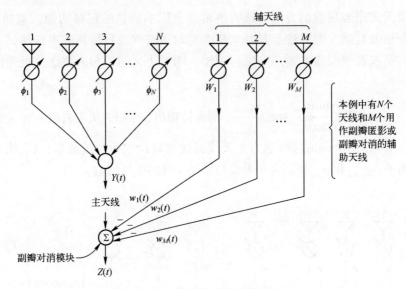

图 8.2 基本的副瓣对消处理

的最佳权值估算如图 8.3 所示。当使用最佳权重时，抵消后的残余干扰为

$$P_{\min}=P_n\left[1+\frac{P_n P_J G_m+P_J^2 G_m G_a}{(P_n+P_J G_a)^2}\right]+\left[\frac{(P_J^2 P_n G_m G_a+P_J^3 G_m G_a^2)(1-\rho^2(\tau))}{(P_n+P_J G_a)^2}\right] \quad (8.2)$$

式中：P_n 是噪声功率；P_J 是干扰功率；G_m 是主天线增益；G_a 是辅天线增益；ρ 为主辅通道之间的相关系数，一般情况下，$\rho=1$。最简单的形式可以描述如下：

$\boldsymbol{w}_{\mathrm{OPT}}=\boldsymbol{r}_0(t)\boldsymbol{r}^{-1}(t)$ SLC 最优权值

$\boldsymbol{r}_0(t)=E\{\boldsymbol{y}_m(t)\boldsymbol{y}_a^*(t)\}$ 主辅天线互相关函数

$\boldsymbol{r}(t)=E\{\boldsymbol{y}_a(t)\boldsymbol{y}_a^*(t)\}=\boldsymbol{r}^*(t)$ 辅天线自相关函数

$\hat{\boldsymbol{r}}_0(t_N)=\dfrac{1}{N}\sum_{i=1}^{N}\boldsymbol{y}_m(t_i)\boldsymbol{y}_a^*(t_i)$ 互相关函数估计

$\hat{\boldsymbol{r}}(t_N)=\sum_{i=1}^{N}\boldsymbol{y}_a(t_i)\boldsymbol{y}_a^*(t_i)$ 自相关函数估计

得到：$\hat{\boldsymbol{w}}_{\mathrm{OPT}}(t_N)=\hat{\boldsymbol{r}}_0(t_N)\hat{\boldsymbol{r}}^{-1}(t_N)$ 最优权值估计

图 8.3 SLC 最优权值计算

当 $P_J \gg P_n$，且 $\rho=1$ 时，有

$$P_{\min} \approx P_n\left[1+\frac{G_m}{G_a}\right] \quad (8.3)$$

8.3.3 多副瓣对消

多副瓣对消类似于图 8.2 所示的 SLC，不同之处在于，最优权值估计是联合计算的。最佳权向量的推导如图 8.4 和图 8.5 所示。

当使用最佳权值向量时，剩余干扰功率为

$$P_{\min} = P_{\mathrm{main}} - \boldsymbol{R}_0^H \boldsymbol{R}^{-1} \boldsymbol{R}_0 = P_{\mathrm{main}} - \boldsymbol{R}_0^H \boldsymbol{W}_{\mathrm{OPT}} \tag{8.4}$$

最优权值可以表示为

$$\boldsymbol{W}_{\mathrm{OPT}} = \boldsymbol{R}^{-1} \boldsymbol{R}_0 \tag{8.5}$$

$$P_{\mathrm{res}} = E\{\boldsymbol{r}(t)\boldsymbol{r}^*(t)\} = E\{\boldsymbol{y}_0(t)\boldsymbol{y}_0^*(t)\} - E\{\boldsymbol{Y}^H(t)\boldsymbol{y}_0(t)\}\boldsymbol{W}$$
$$- \boldsymbol{W}^H E\{\boldsymbol{Y}(t)\boldsymbol{y}_0^*(t)\} + \boldsymbol{W}^H E\{\boldsymbol{Y}(t)\boldsymbol{Y}^H(t)\}\boldsymbol{W}$$

$$P_{\mathrm{res}} = P_{\mathrm{main}} - \boldsymbol{R}_0^H(t)\boldsymbol{W} - \boldsymbol{W}^H \boldsymbol{R}_0(t) + \boldsymbol{W}^H \boldsymbol{R}(t)\boldsymbol{W} \qquad \boldsymbol{R}_0(t) = E\{\boldsymbol{Y}(t)\boldsymbol{y}_0^*(t)\}$$
$$\boldsymbol{R}_0^H(t) = E\{\boldsymbol{Y}^H(t)\boldsymbol{y}_0(t)\}$$
$$\boldsymbol{R}(t) = E\{\boldsymbol{Y}(t)\boldsymbol{Y}^H(t)\}$$

寻找权值 $\boldsymbol{W}$ 的过程就使残差最小：

$$\frac{\partial P_{\mathrm{res}}}{\partial \boldsymbol{W}^H} = 0 = 0 - 2\boldsymbol{R}_0(t) - 2\boldsymbol{R}(t)\boldsymbol{W} \quad \Rightarrow \quad \boldsymbol{W}_{\mathrm{OPT}} = \boldsymbol{R}^{-1}(t)\boldsymbol{R}_0(t)$$

$$P_{\min} = P_{\mathrm{main}} - \boldsymbol{R}_0^H \boldsymbol{R}^{-1} \boldsymbol{R}_0 - \boldsymbol{R}_0^H \boldsymbol{R}^{-1} \boldsymbol{R}_0 + \boldsymbol{R}_0^H \boldsymbol{R}^{-1} \boldsymbol{R} \boldsymbol{R}^{-1} \boldsymbol{R}_0$$
$$= P_{\mathrm{main}} - \boldsymbol{R}_0^H \boldsymbol{R}^{-1} \boldsymbol{R}_0 - \boldsymbol{R}_0^H \boldsymbol{R}^{-1} \boldsymbol{R}_0 + \boldsymbol{R}_0^H \boldsymbol{R}^{-1} \boldsymbol{R}_0$$
$$= P_{\mathrm{main}} - \boldsymbol{R}_0^H \boldsymbol{R}^{-1} \boldsymbol{R}_0 = P_{\mathrm{main}} - \boldsymbol{R}_0^H \boldsymbol{W}_{\mathrm{OPT}}$$

图 8.4　对消后残留干扰功率计算

$$y_0(t) = n_0(t) - \sum_{k=1}^{N_J} g_m(\theta_{Jk}) j_k(t)$$

$$y_n(t) = n_n(t) - \sum_{k=1}^{N_J} g_m(\theta_{Jk}) j_k(t - \tau_{nk}) \mathrm{e}^{-j\omega\tau_{nk}} \qquad \tau_{nk} = \frac{d_n \sin\theta_{Jk}}{c}$$

$$P_{\min} = E\{y_0(t)y_0^*(t)\} = P_n + \sum_{k=1}^{N_J} G_m(\theta_{Jk}) P_{Jk} \qquad \text{对不相关的干扰}$$

主辅互相关向量成分为

$$r_{0n}(t) = E\{y_n(t)y_a^*(t)\} = \sum_{k=1}^{N_J} g_m(\theta_{Jk}) g_n(\theta_{Jk}) E\{j_k(t)j_k(t-\tau)\mathrm{e}^{-j\omega\tau_{nk}}\}$$
$$= \sum_{k=1}^{N_J} g_m(\theta_{Jk}) g_n(\theta_{Jk}) P_{Jk} \mathrm{e}^{-j\omega\tau_{nk}} \rho(\tau_{nk})$$

辅助互相关矩阵成分为（在主辅噪底相同的条件下）

$$r_{np}(t) = E\{y_n(t)y_p^*(t)\} = P_n \delta(n-p) + \sum_{k=1}^{N_J} g_n(\theta_{Jk}) g_p(\theta_{Jk}) P_{Jk} \mathrm{e}^{-j\omega(\tau_{nk}-\tau_{pk})} \rho(\tau_{nk}-\tau_{pk})$$

图 8.5　互相关项向量和协方差矩阵计算

并且

$$r_{n0}(t) = E\{y_n(t)y_0^*(t)\} = \sum_{k=1}^{N_J} g^*(\psi_k)\exp(-j\phi_{nk})P_{Jk}\rho(\tau_{nk}) \quad (8.6)$$

$$r_{nm} = E\{y_n(t)y_m^*(t)\} = P_n\delta(n-m) + \sum_{k=1}^{N_J}\exp[-j2\pi(d_n-d_m)f_0\sin\psi_k/c] \quad (8.7)$$

8.3.4 自适应处理

图 8.6 显示了自适应处理的 3 种方式。自适应处理的 3 种方式涵盖了相控阵雷达所需的主要类型。

(1) 用于消除干扰的空域自适应处理。
(2) 用于消除杂波的时域自适应处理。
(3) 自适应空时处理。

自适应加权计算与 MSLC 的计算非常相似，不同之处在于，对主天线进行加权以消除干扰或杂波，而不是使用与主天线分离的辅助天线。自适应权值的计算方法如图 8.7 所示。图 8.8 给出了消除 3 个干扰源的自适应阵列性能的一个例子。图 8.9 显示了用于计算最佳权重的采样矩阵求逆（SMI）方法。

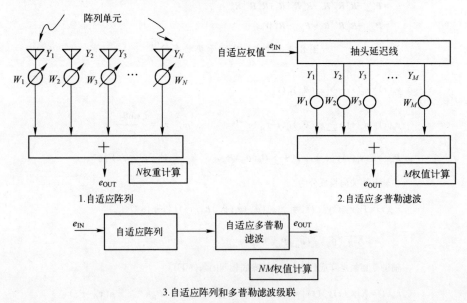

图 8.6　3 种自适应处理方法示例

$$P_{OUT} = E\{|W^H Y|^2\} = E\{W^H Y Y^H W\} = W^H E\{Y Y^H\} W = W^H R W$$

式中 $R = E\{Y Y^H\}$

$$S_{OUT} = |W^H S|^2 = W^H S S^H W$$

$$\mathrm{SINR} = \frac{S_{OUT}}{P_{OUT}} = \frac{W^H S S^H W}{W^H R W}$$

最大化 SINR 的约束条件：$W^H R W = 1$

定义：$F = W^H S^H W - \lambda(W^H R W - 1)$

$$\frac{\partial F}{\partial W^H} = 0 = S S^H W - \lambda R W = W^H S S^H W - \lambda W^H R W$$

$$= 0 = W^H S S^H W - \lambda \qquad \Rightarrow \lambda = W^H S S^H W$$

$$\frac{\partial F}{\partial W^H} = 0 = S S^H W - \lambda R W = S S^H W - (W^H S S^H W) R W$$

$$= 0 = S - W^H S R W \qquad \Rightarrow R W = \frac{1}{W^H S} S = g S$$

$$W_{OPT} = g R^{-1} S \quad g \neq 0$$

图 8.7 自适应权向量的推导

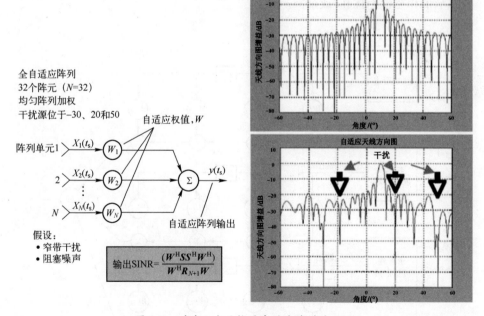

图 8.8 对消 3 个干扰的自适应阵列的示例

必须基于 $\hat{R} = \frac{1}{M}\sum_{n=1}^{N} R(n)$ 找到 R

式中 M=孔径单元个数，N=孔径"快照"个数

Reed、Mallet和Brennan推导了在不同"快照"数量和孔径单元数量下的最优偏差

LOSS=$-10\log[(N+2-M)/(N+1)]$

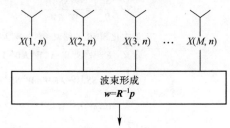

孔径快照数量	最优偏差/dB
$N=2M$	3dB
$N=5M$	1dB

图 8.9　直接采样矩阵求逆算法

8.3.5　数字波束形成

数字波束形成比依靠固定的或硬连线的方法进行波束形成的自适应阵列具有更大的灵活性。在这里，数字接收机直接放在天线单元或子阵列的后面，向称为 DBF 处理的专用信号处理器提供多个通道的数字数据。图 8.10 描绘了在每个子阵列上具有自适应空间和多普勒（或时域）控制的 DBF 架构，它可以消除窄带和宽带干扰和/或杂波。

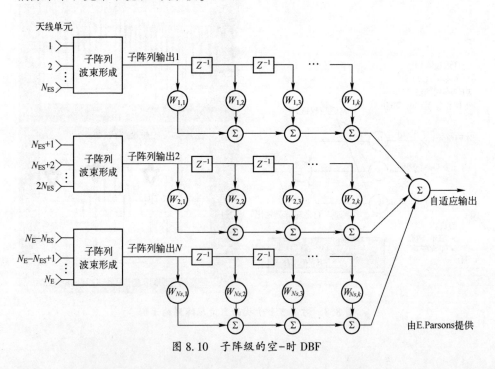

图 8.10　子阵级的空-时 DBF

由 E.Parsons 提供

这种 DBF 配置的优点如下。

(1) 所需硬件更少。与完全自适应阵列相比，信号处理负载更低。

(2) 如果子阵列的数量≥干扰自由度，则性能等于全阵列自适应算法。

子阵级 DBF 的一个缺点是：硬件及处理过程与自由度之间的折中可能不会导致最佳或足够的干扰减少。

图 8.11 为阵元级别的空时 DBF 体系结构。这种空时 DBF 体系结构的一个优点是：它为消除窄带和宽带干扰和（或者）杂波提供了最大的自由度。但是，除非是小型阵列，实现它的成本可能非常昂贵，图 8.11 为阵元级别的空时 DBF 体系结构。这种空时 DBF 体系结构的一个优点是：它为消除窄带和宽带干扰和/或杂波提供了最大的自由度。但是，除非是小型阵列，否则，实现起来可能计算量巨大。

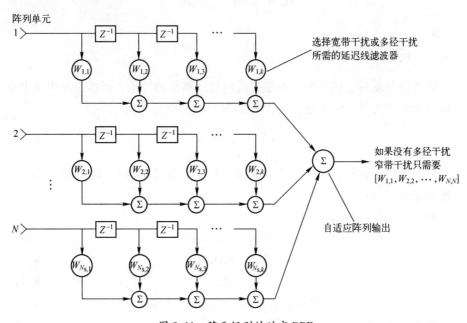

图 8.11　阵元级别的时空 DBF

8.3.6　频率捷变和跳频

对于不能覆盖整个雷达工作频带的另一种对抗干扰的方法是感知干扰的频率，并在另一个频率上工作。例如，搜索或跟踪这样的窄带功能通常是这种情况。注意：假定雷达具有可选择的替代工作频率。但是，在目标分类等需要宽带信号的功能时，可能没有可选的工作频率。

如果干扰装置是响应式干扰机,因为雷达频率不断以不可预测的方式变化,则可以使用半随机跳频来规避干扰机在雷达频率上测量和产生假目标的时间。

8.3.7 扇区消隐

当出现主瓣干扰源时,也可以选择扇区消隐。但是,对于发射或接收(或两者同时)中进行消隐都会牺牲雷达在这些扇区的作用。对于固定角度(或缓慢移动)的无意干扰的有限角度扇区,消隐是一个可行的解决方案,因为较小的雷达覆盖损失可能不是一个问题。

8.4 问　题

8.4.1 问题说明

假设针对新雷达的开发,确定自适应处理算法的性能,根据招标申请书所附的技术要求文件,以下电子对抗(ECM)威胁被指定为

$$\left(\frac{P_J}{P_S}\right)_{dB} = 35\text{dB} \tag{8.8}$$

一个宽带干扰机,带宽大于 10MHz,位于距雷达 1000km 的斜距,和天线法线夹角 $\theta_j = +40°$。

指定目标参数为

$$\text{RCS} = -10\text{dBsm} \tag{8.9}$$

$$\text{距离} = 500\text{km} \tag{8.10}$$

$$\theta_T = -20° \tag{8.11}$$

$$\text{目标起伏特性:Swerling I 型} \tag{8.12}$$

提出的雷达设计具有以下能力:

$$\text{SNR} = 15\text{dB} \tag{8.13}$$

$$\text{RCS} = -10\text{dBsm} \tag{8.14}$$

$$\text{距离} = 500\text{km} \tag{8.15}$$

$$\text{脉冲宽度} = 1\text{ms} \tag{8.16}$$

$$\text{信号带宽} = 10\text{MHz} \tag{8.17}$$

雷达天线采用 10 阵元线性阵列相控阵天线,阵元间距为 $d = 2/\lambda$。每个天线元件都可以进行幅度和相位控制。权值使用 SMI 算法确定。

8.4.2 任务描述

任务包括以下内容。

（1）计算相对于天线视轴的假定目标和干扰角的最佳加权向量。

（2）在采用（1）中计算出的最佳权值之后，计算残留干扰噪声比（JNR）。

（3）在采用最佳权值之前和之后，计算目标检测概率。

（4）如果现在两个等功率干扰器相对于天线视轴位于 $\theta_J = -40°$ 和 $+40°$（所有其他参数相同），则重新计算自适应权值，残余 JNR 和自适应前后的目标发现概率。

（5）绘制适合单干扰和两个干扰情况的天线方向图。比较自适应天线方向图和未自适应天线方向图，评论差异。

8.4.3 其他信息

由雷达系统工程师提供的以下信息可能有助于完成所要求的性能评估。

（1）可以从以下公式计算协方差矩阵元素和信号：

$$r_{nm} = P_n \delta(n-m) + \sum_{k=1}^{N_J} \exp[-2\pi j(n-m)(d/\lambda)\sin\theta_k] P_{Jk} \rho(\tau_{nk} - \tau_{mk}) \quad (8.18)$$

其中

$$\tau_{nk} = (n-1)d\sin\theta_k/c \quad (8.19)$$

并且

$$S_n(t) = (\text{SNR} \cdot P_N)^{1/2} \exp[-j2\pi(n-1)(d/\lambda)\sin\theta_T] \quad (8.20)$$

为简化起见，假设 $\rho(\tau_{nk} - \tau_{mk}) = 1$，或假设完全相关。

（2）输出信干噪比（SINR）由下式给出：

$$\text{SINR} = \mathbf{w}^H \mathbf{S} \mathbf{S}^H \mathbf{w} / \mathbf{w}^H \mathbf{R} \mathbf{w} \quad (8.21)$$

其中

$$\mathbf{S} = (\text{SNR} \cdot \mathbf{P}_N)^{1/2} \quad (8.22)$$

（3）检测到 Swerling I 目标的概率由下式给出：

$$P_d = (P_{fa})^{\left(\frac{1}{1+\text{SINR}}\right)} \quad (8.23)$$

式中：SINR 是功率比值（即不以 dB 表示）。虚警概率（P_{fa}）是设计参数。为便于计算，假设 $P_{fa} = 10^{-5}$，这对于警戒雷达而言是一个较为合理的值。

8.5 参考文献

[1] S. Haykin, *Adaptive Radar Signal Processing*, Wiley-Interscience, 2006
[2] S. Kay, *Modern Spectral Estimation: Theory and Application*, Prentice-Hall, 1999
[3] D. Manolakis, *Statistical and Adaptive Signal Processing*, Artech House, 2005
[4] S. L. Marple, *Digital Spectral Analysis with Applications*, Prentice-Hall, 1987
[5] R. A. Monzingo & T. M. Miller, *Introduction to Adaptive Arrays*, SciTech, 2003
[6] R. Nitzberg, *Radar Signal Processing and Adaptive Systems*, 2nd Edition, Artech House, 1999
[7] A. Oppenheim & R. Shafer, *Digital Signal Processing*, Prentice-Hall, 1975
[8] A. Papoulis, *Signal Analysis*, McGraw-Hill, 1977
[9] S. Haykin & A. Steinhardt, *Adaptive Radar Detection and Estimation*, Wiley, 1992
[10] J. V. Candy, *Signal Processing—The Modern Approach*, McGraw-Hill, 1988

第9章 相控阵雷达体系结构

9.1 引　　言

本章研究了一些常用的相控阵雷达（PAR）体系结构，主要包含以下3类。
(1) 基于天线的体系结构。
(2) 基于带宽的体系结构。
(3) 基于雷达功能的体系结构。
以下部分将介绍这些 PAR 体系结构。

9.2 基于天线的体系结构

本节讨论以下4种基于天线的 PAR 体系结构。
(1) 全视场（FFOV）。
(2) 有限视场（LFOV）。
(3) 数字波束形成器（DBF）。
(4) 机械控制相控阵。

9.2.1 全视场雷达

FFOV 相控阵结构是最常见的结构形式。它利用天线单元间距以确保在实际空间中没有天线栅瓣。在顶层设计中，这需要天线单元的平均间距 $d \leqslant 2/\lambda$。因此，这是有源天线孔径单位面积成本中最昂贵的结构，具有最大角度覆盖的优势。

图9.1说明了 FFOV PAR 体系结构。它的特点是在每个天线单元都接有移相器，至少在窄带（NB）版本中是这样。正如后面讨论的，宽带（WB）相控阵需要使用一定程度的时延控制，通常在子阵级实现。

如图9.1所示，这种结构由阵列天线单元组成，每个单元都接有一个移相器。移相器的后面是发射和接收波束形成器，它综合了和、方位和仰角单脉冲模式，以及任何辅助天线模式，如副瓣匿影（SLB）或副瓣对消（SLC）功能

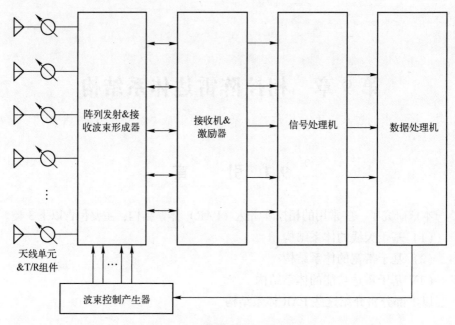

图 9.1 全视场相控阵体系结构

所需的天线模式。接收波束形成器（RBF）的每个通道或者端口具有相关的接收通道，可以将雷达工作频率下的射频（RF）转换为基带，并将这些模拟信号转换为数字格式。每个数字数据通道随后被发送到信号处理器（SP），该处理器执行匹配过滤以及检测处理。最后，来自 SP 的目标回波数据被输入到数据处理（DP），数据处理执行搜索和跟踪，以及调度波形和控制硬件子系统，包括波束控制发生器（BSG），后者将 DP 天线转向命令转换为移相器命令发送到每个天线单元。在发射端，激励产生射频波形，发送到发射/接收（T/R）组件的发射部分，该模块由发射功率放大器、接收放大器和每个天线单元后面的移相器组成。

如上所述，FFOV PAR 架构是最普遍的，其可提供用于雷达的功能的最大角度覆盖（方位角通常为±60°以及仰角），如搜索、监视和目标跟踪。现今建造的大多数 PAR 都是有源孔径或多样性的有源阵列；也就是说，每个天线单元后面都有有源发射机。大多数目前使用的 T/R 组件都采用固态晶体管进行射频功率放大。当然，许多早期的雷达系统采用的是由一个或多个功率更高的发射机集中馈电，典型的是行波管（TWT）类型。

目前，大多数数字信号处理都是由通用或专用数据处理器中的软件实现的。信号和数据处理软件通常驻留在通用信号/数据处理器（S/DP）上。

9.2.2 有限视场雷达

有限视场（LFOV）雷达体系结构是最大可用的电扫控制和能主动控制的天线单元数量之间的折中。这种体系结构是专门为工作在高频段的大功率 PAR 而开发的，如 X 波段（10GHz）。与 FFOV 雷达相比，它需要更少的瞬时角度覆盖，此外，还寻求通过减少 T/R 组件数量来实现更低成本的解决方案。当长期（但不是瞬间）需要更大的角度覆盖时，LFOV 阵列可以安装在天线座或支架上，以提供机械和电子转向控制的组合。从成本的角度来看，这种雷达结构很有吸引力。

图 9.2 显示了该 LFOV 的体系结构。表面上看，它与 FFOV 雷达非常相似，除了天线是主动控制的超级单元组成。超级单元则是由驱动多个无源天线单元的 T/R 组件组成。在相同孔径尺寸由于有源单元数量要少于 FFOV 雷达，超级单元的间距在大于等于 $\lambda/2$ 的情况下，LFOV 天线方向图在真实空间中会呈现出栅瓣。必须通过精确的阵列和子阵列设计使栅瓣的影响最小化，并且需要主动控制和监测栅瓣以减小辐射危害并防止栅瓣在杂波干扰和多径环境下带来的其他有害影响。

其余子系统与 FFOV 体系结构基本相同。主要的区别在于，发射和接收波束形成器以及 BSG，BSG 控制和操纵的超级元件数量比相同孔径的 FFOV 雷达少。LFOV 的发射和接收天线增益与大小相似的 FFOV 近似相同。但是，由于与 FFOV 雷达中的有源单元相比，有源超级单元较少，因此峰值发射功率会因

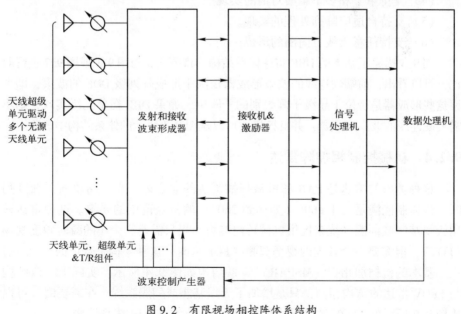

图 9.2 有限视场相控阵体系结构

有源 LFOV 超级单元与有源 FFOV 天线单元之比的比值下降而降低。

9.2.3　数字波束形成相控阵雷达

与之前描述的雷达体系结构中使用的"硬连线"波束形成器相比，一种相对新型的雷达架构使用数字波束形成，通过软件数字化合成特定雷达需求所需的天线波束。这个架构在这里称为 DBF 雷达体系结构。

DBF 雷达在雷达的前端使用接收器将 RF 信号转换为基带信号，并将模拟信号转换为数字格式。数字接收通道可以位于每个天线单元，或者每个天线子阵，或者某些天线子阵组合（或等价位于超级子阵列）后面。来自每个阵列波束自由度的数字数据流，可由 SP 之前的信号处理器或 DBF 预处理器进行处理，从而形成所需要的天线波束。它至少可以形成多个和波束和（或）单脉冲差波束（或等效模式），用于后续目标检测和参数估计。

DBF 体制结构有以下几个优点。

(1) 对于 M 个通道能够形成 M 个独立的波束进行合成。

① 同时多波束以减少搜索占用率。

② 堆叠波束以扩展仰角搜索范围。

(2) 能够形成 M 个独立的求和零点。

(3) 将可用的动态范围扩大至 M 倍。

(4) 支持单个和多个副瓣对消的实现。

(5) 支持自适应阵列处理的实现。

(6) 支持任意天线方向图的形成。

图 9.3 描绘了基本的 DBF 雷达体系结构。将图 9.3 与图 9.1 或图 9.2 进行对比，可以看出，前端硬连线的波束形成器仅限于形成阵列级 DOF 的波束，即考察这些形成器是否位于超级子阵级别的子阵中。如果 DBF 在单元级实现，则不需要硬连线的波束形成器，并且该模块可以从图 9.3 所示的体系结构中删除。

9.2.4　机械控制相控阵雷达

这种类型的雷达是 PAR 和机械扫描雷达的混合体。当使用单面天线阵列时，该体制能满足大于±60°（如达到 360°）的覆盖范围的要求。这种雷达采用天线基座或伺服系统来提供机械转向能力。当只需要一个小的瞬时角度视场（FOV），但需要一个较大的视场观测（FOR）时，这种架构是合适的。

基本的机扫加相扫（MSPAR）体系结构如图 9.4 所示。实际上，该结构与 FFOV 雷达的结构相同，只是增加了天线基座或伺服系统。在需要时，可以用图 9.2 所示的 LFOV 体系结构代替图 9.4 所示的 FFOV 体系结构。

第9章 相控阵雷达体系结构

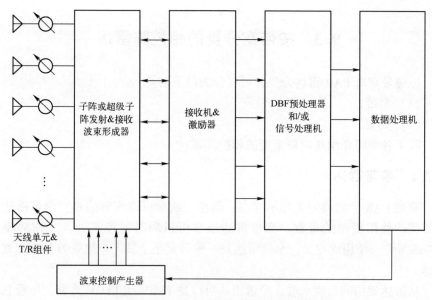

图9.3 数字波束形成相控阵雷达体系结构

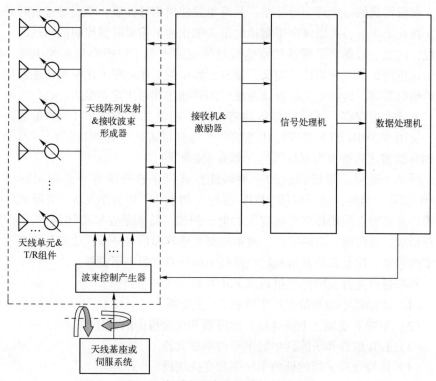

图9.4 机械控制相控阵雷达体系结构

9.3 按带宽分类的相控阵雷达

按照带宽对 PAR 雷达分类，可以分为以下两类。
(1) 窄带。
(2) 宽带。
以下各节将介绍这两种类型的相控阵雷达。

9.3.1 窄带雷达

窄带 PAR 的精确定义并不存在。但是，通常可以理解的是，窄带雷达比宽带雷达使用更窄的带宽。宽带雷达通常可以瞬时覆盖至少其工作频率的 10% 的带宽。使用此定义，窄带雷达是一种带宽小于其工作频率的 10% 带宽的雷达。

从雷达架构的角度来看，窄带雷达可以是 FFOV 或 LFOV 类型，尽管它们通常是前者。要注意的是，能同时使用窄带和宽带波形的雷达属于宽带雷达类别。窄带雷达的一个理想特征是：只需单独使用相移控制，不需要进行时延控制。在此要求下，可以将窄带雷达的定义细化为不需要时延控制的雷达。一般来说，这也会限制窄带雷达的雷达瞬时带宽远小于工作频率指标的 10%。相反，这也将扩展宽带雷达的定义，使其在特定的工作频率下比窄带雷达使用更多的瞬时带宽。这些定义将被认为足以用来描述和对比这类雷达。

基于上述观察，通常窄带雷达将支持不超过其工作频率 1% 的带宽。例如，使用 500MHz 的 X 波段雷达将被归类为宽带雷达（即 5% 带宽），而使用 50MHz 的雷达将被视为窄带雷达（即 0.5% 带宽）。

图 9.5 说明了窄带雷达的一种可能形式；在这种情况下，它同时也是 FFOV 雷达。当然，也可以用 LFOV 雷达（图 9.2）代替图 9.5。关键的鉴别因素还是是否仅使用相移控制波束的电子扫描。特别是在窄带体制下，天线、波束形成、接收机、激励器件、波束控制生成器和信号处理模块都仅需要支持较窄的带宽。这会影响发射和接收路径中的所有有源电子设备。

和窄带带宽有关的内容包括以下几方面。
(1) 激励器中的窄带波形生成和 RF 上变频。
(2) 窄带下变频，中频（IF）滤波器和接收机中的采样率。
(3) T/R 组件和子阵列中的窄带功率放大器。
(4) 信号处理采用较低的采样率和变换规模。
(5) 窄带调制（如 LFM）和相关的匹配滤波。

第9章 相控阵雷达体系结构

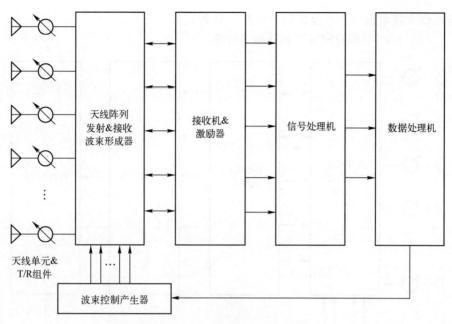

图 9.5 窄带相控阵雷达体系结构

(6) BSG 中仅进行相移计算。

通常，由此产生的雷达系统和子系统设计的窄带特性，导致雷达的成本低于其宽瞬时带宽对应的产品。

9.3.2 宽带雷达

窄带雷达的替代方案是宽带雷达。如 9.3.1 节所述，这种类型的雷达所使用的波形带宽比窄带雷达大。此外，由于这种差异，宽带雷达需要时延控制。这可能与窄带雷达相比是最显著的差异。

图 9.6 说明了基本的宽带雷达体系结构。相对于窄带雷达结构，前端的主要变化是通常在子阵列级别增加了延时控制。

结构中子系统的主要区别在以下方面体现。

(1) 激励器中的宽带波形生成和 RF 上变频。

(2) 宽带下变频（以及可能的"去斜"或"去啁啾"），IF 滤波器和接收机的采样率。

(3) T/R 组件和子阵列中的 WB 功率放大器。

(4) 信号处理需要更高的采样率，更大的变换规模。

(5) 宽带调制（如 LFM）和相关匹配滤波（包括数字脉冲压缩和频谱分

析或作为接收窗口大小函数的"拉伸"处理)。

(6) BSG 中的时间延迟和移相器计算。

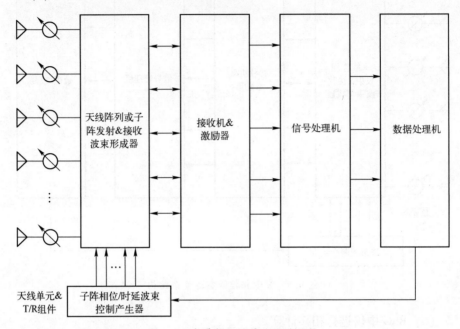

图 9.6 宽带相控阵雷达体系结构

应该注意的是,由于可用的 A/D 采样率和动态范围的限制,使用非常宽的带宽(如大于 100MHz)将无法使用标准的数字脉冲压缩技术。对于超宽带处理,通常使用某种形式的"拉伸"处理是常见的解决方案。这需要在接收机的下变频处理中进行某种类型的去斜或去啁啾(即部分或全部带宽),然后在信号处理器中进行频谱分析。

9.4 按功能分类的相控阵雷达

讨论的最后一类 PAR 体制是基于具有以下功能的雷达。

(1) 搜索。

(2) 跟踪。

(3) 目标分类、分辨和标识(CDI)。

(4) 导弹照射。

(5) 多功能。

以下各小节描述了这些不同的 PAR 体系结构。

9.4.1 搜索雷达

除了导弹照射以外，搜索雷达是一种非常常见且最简单的形式。这些雷达实际上主要属于FFOV类的窄带雷达，尽管它们也可以采用机械控制的LFOV方式实现。DBF雷达由于其固有的多波束能力也可以用作搜索雷达，尤其是使用"堆叠"仰角波束和同时多波束来减少搜索时间资源的占用。

图9.7展示了窄带FFOV形式的搜索雷达。通常在"干净"环境中使用非常窄的波形，如几百千赫至1MHz的范围内的LFM信号。在杂波环境中，通常采用MTI、MTD或脉冲多普勒波形技术。由于带宽非常窄，一般使用全距离数字脉冲压缩。当用于搜索时，所有子系统与窄带FFOV雷达结构或DBF结构基本相同。由于搜索功能通常需要对较大接收窗口进行处理，当进行数字脉冲压缩时，信号处理器可能需要处理大规模的快速傅里叶变换（FFT）作为匹配滤波的一部分。对于杂波中的应用，在信号处理器中进行脉冲匹配滤波之后，还会执行某种类型的多普勒滤波处理。

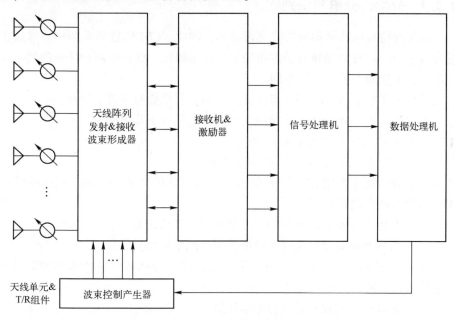

图9.7 搜索和跟踪相控阵雷达体系结构

9.4.2 跟踪雷达

在体系结构上，跟踪雷达与9.4.1节中描述的搜索雷达几乎相同，因此，可以使用窄带FFOV、机械控制LFOV或DBF类型的雷达体系结构来实现。

图 9.7 还说明了跟踪雷达的窄带 FFOV 形式。通常，在"干净"环境中使用窄带波形，如 5~20MHz 范围内的 LFM 信号。同样，在杂波环境中，通常使用 MTI、MTD 或脉冲多普勒波形技术。由于带宽窄，通常使用数字脉冲压缩，除非需要非常大的接收窗口。同样，当选择用于跟踪目的时，所有子系统基本上与 NB FFOV 雷达架构或 DBF 架构所描述的相同。

由于执行跟踪功能通常需要中小型距离窗口（与搜索相比），因此，进行数字脉冲压缩处理时，通常只需要处理中等规模的 FFT 来作为匹配滤波的一部分。但是，如果根据任务要求需要大的接收窗口，则可以根据特定的波形参数和接收窗口大小使用数字脉冲压缩或"拉伸"处理。在杂波环境中，在脉冲匹配滤波之后还会执行某种形式的多普勒滤波处理。除了用于搜索的常规检测处理方法之外，跟踪雷达通常还采用某种形式的参数化恒虚警率（CFAR）检测处理和后检测处理，其中包括用于目标角度测量的单脉冲测角以及距离和幅度插值。

9.4.3 分类、分辨和识别雷达

由于支持目标特征提取需要宽带波形，因此，CDI 雷达体系结构通常属于宽带雷达核心。防空和弹道导弹防御雷达均是如此，尽管这两种任务的特定波形带宽和工作频率可能有所不同。

图 9.8 展示了基本的 CDI 雷达体系结构，其结构与宽带雷达相同。

所示架构中 CDI 雷达子系统的关键属性包括以下几方面。

(1) 宽带天线元件和 T/R 组件。
(2) 激励的宽带波形生成和 RF 上变频。
(3) 接收机中的宽带信号下变频（以及可能的"去斜"或"去啁啾"），IF 滤波和接收机的采样率。
(4) T/R 组件和子阵列驱动器中的宽带功率放大器。
(5) 信号处理需要更高的采样率、更大的变换规模等。
(6) 宽带调制（如 LFM）和相关匹配滤波（包括数字脉冲压缩和频谱分析或作为接收窗口大小函数的"拉伸"处理）。
(7) BSG 中的时间延迟和移相器计算。

对于超宽带处理，通常使用某种形式的"拉伸"处理是常见的解决方案。这需要在接收机的下变频处理中进行某种类型的去斜或去啁啾（即部分或全部带宽），然后在信号处理器中进行频谱分析。

由于执行 CDI 功能所需的接收窗口通常非常小（与跟踪相比），当使用拉伸处理时，信号处理器通常必须仅处理中等规模的 FFT 作为匹配滤波的一部

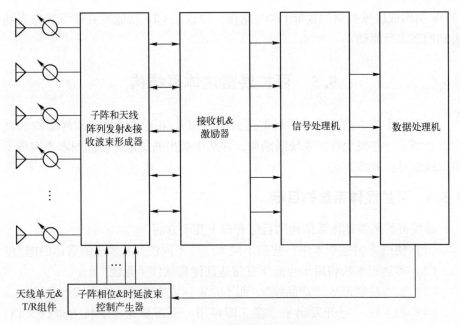

图 9.8　CDI 相控阵雷达体系结构

分。除了跟踪雷达所需的检测和后检测处理外，CDI 雷达还需要目标特征提取以及特征调节算法。

9.4.4　导弹照射雷达

导弹照射是一种特殊情况的雷达功能，用于在火控应用中支持半主动射频寻的拦截弹。提供这种能力的相控阵体系结构通常是窄带 FFOV 类型。图 9.5 也是一种导弹照射雷达体系结构的代表。

9.4.5　多功能雷达

多功能雷达是指支持多种雷达功能的雷达。典型功能包括以下几种。

（1）搜索和跟踪。

（2）搜索、跟踪和识别（用于防空火控）。

（3）搜索、跟踪、标识和照射（用于防空火控）。

（4）搜索、跟踪以及分类和分辨（用于弹道导弹防御火力控制）。

为达到最佳的功能或性能要求需要采用合适的 PAR 结构实现，通常会通过选择必要的波形带宽来确定。例如，上述的第一种情况可选择窄带 FFOV 雷达结构，因为只需要窄带搜索和跟踪；最后一种可选用宽带 FFOV 结构、宽带

LFOV 结构或机械控制的宽带 LFOV 结构，原因是 CDI 功能对宽带目标分类和辨别的需求所驱动。

9.5 可扩展雷达体系结构

在以下小节中描述了可扩展雷达的架构以及相关的硬件和软件结构的概念，介绍了一些概念性的系统级结构，并从中提出通过定义备选积木来实现子系统级别可扩展的方法。

9.5.1 可扩展体系结构目标

开发可扩展雷达体系结构的目标有以下几个方面。
（1）使用"雷达积木块"建造不同尺寸、不同任务和要求的雷达的能力。
（2）雷达积木块将用于合成所有雷达硬件和软件子系统。
（3）积木块将形成"产品线"，而不是雷达或完整子系统形成产品线。
（4）积木块一旦开发出来，将立即可用，不需要花多少精力进行文档、测试等。
（5）积木块的具有最小的可裁剪性（理想情况下为零）。
（6）积木块的性能和成本将是已知且稳定的。
（7）不论任务的大小、性能等如何，都有足够数量的硬件和软件积木块可用于组合成任何雷达。

这个技术特点清单并不完整，但已经能够说明这种方法的目标。显然，从设计、实现、性能、成本、可靠性、可扩展性和可维护性在内的许多角度考虑，拥有这种结构"小部件"的技术无疑具有显著优势。

9.5.2 可扩展体系结构组件

考虑到 9.5.2 节列出的目标，需要一些思考来理解，什么样的体系结构"组件"的最小集合是可能实现可扩展雷达架构的基础。首先，探索一些用于现有任务和雷达应用的常用雷达架构是有指导意义的。

本节讨论 5 种类型的相控阵雷达体系结构。
（1）全视场雷达。
（2）有限视场雷达。
（3）数字波束形成雷达。
（4）机械控制相控阵雷达。
（5）宽带雷达。

第9章 相控阵雷达体系结构

在9.2节中,图9.9~图9.13给出了这些基本的雷达体系结构框图,这里重复使用。

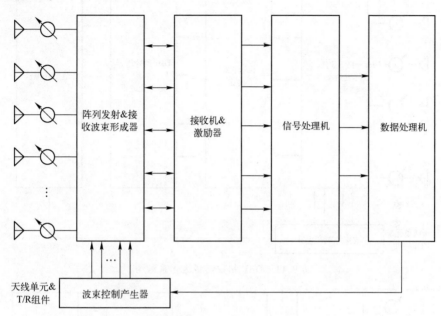

图9.9 FFOV相控阵雷达体系结构

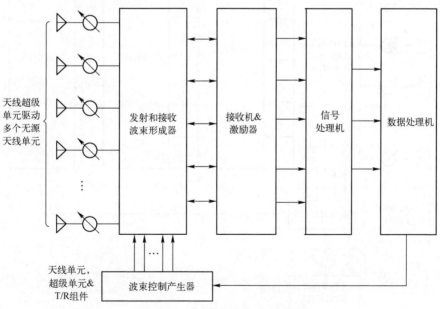

图9.10 LFOV相控阵雷达体系结构

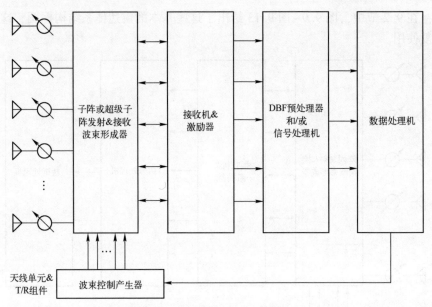

图 9.11 DBF 相控阵雷达体系结构

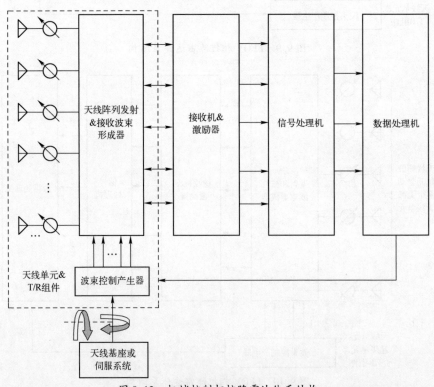

图 9.12 机械控制相控阵雷达体系结构

第 9 章 相控阵雷达体系结构

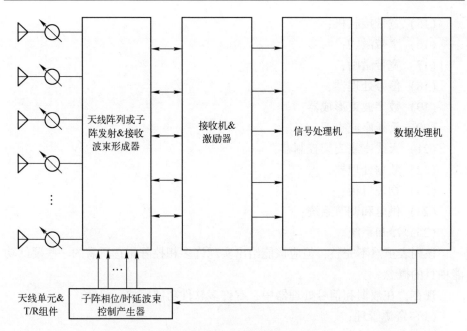

图 9.13 宽带相控阵雷达架构

从这些框图中可以看出,在这种高度抽象的情况下,5 种相控阵雷达结构存在很多共性。为了更好地表述雷达共性结构,下面列出了一些基本硬件构件:

(1) 天线单元;
(2) 天线超级单元;
(3) T/R 组件;
(4) 天线阵列结构;
(5) 天线结构子阵;
(6) 多单元结构;
(7) 移相器;
(8) 时延单元;
(9) 发射和接收波束形成器;
(10) 子阵波束形成器或超子阵列波束形成器;
(11) 波束控制生成器;
(12) 子阵波束控制生成器;
(13) 子阵相位和时间延迟控制生成器;
(14) 窄带接收机;

(15) 宽带接收机；
(16) 窄带激励；
(17) 宽带激励；
(18) 信号处理器；
(19) 数字波束形成器；
(20) 天线座或支架；
(21) 天线座或支架控制器；
(22) 数据处理器；
(23) 物理机柜；
(24) 供电和调节系统；
(25) 冷却系统。

该列表虽然不完整，但应该能给出实现许多相控阵雷达所需的一些硬件功能项目的概念。

现在，在数据和信号处理器中，有许多软件功能模块，包括：
(1) 资源管理；
(2) 雷达调度；
(3) 雷控；
(4) 回波处理；
(5) 搜索处理；
(6) 跟踪处理；
(7) 分类、分辨和识别；
(8) 拦截器支持；
(9) 天线基座安装控制；
(10) 惯性导航系统/卫星导航定位系统（INS/GPS）；
(11) 坐标变换；
(12) 匹配滤波；
(13) 检测处理（如噪声、CFAR）；
(14) 后检测处理（内插、峰值检测、单脉冲）；
(15) 数据记录；
(16) 故障检测和故障隔离；
(17) 标定和校准；
(18) BIT；
(19) 人工操作；
(20) 数字仿真；

（21）硬件在回路仿真；
（22）场景生成；
（23）操纵终端；
（24）操纵员控件；
（25）外部通信；
（26）数据报告生成；
（27）任务数据仿真。

同样，该列表并不完整，但是这使得读者对各种类型的相控阵雷达应用所需的软件处理"小部件"有了一个很好的了解。

9.5.3 可扩展雷达体系结构的备选积木块

为了定义雷达积木块备选集，必须首先确定一些基本规则。为符合与9.5.2节中确立的目标相一致的可扩展性，需制定指导方针和约束形式的必要规则，包括：

（1）积木块应包括尽可能多的功能（在合理范围内），这些功能可被视为基本雷达要素；
（2）积木块可以包括硬件和软件功能；
（3）积木块的定义应尽量减少外部接口，最大化内部接口；
（4）同样，具有高度依赖性的功能应捆绑在一起；
（5）一个积木块可以有多种版本（如基于工作频率）；
（6）积木块应具有最小可定制性。

以下部分介绍了一些备选的积木。

9.5.3.1 积木块

（1）FFOV子阵积木块。该积木块由一个完整的FFOV子阵构成，包括一个激励和多个接收通道、每个单元的相移器和T/R组件、子阵波束控制生成器、AC-DC电源转换、BIT功能、配电、冷却系统和模块化物理机柜以及来自数据处理器控制输入的外部接口、多个通道的数字基带信号输出、电源输入和冷却进/出的接口等。图9.14是该积木块的简化框图。

为实现所需的天线孔径，可以将任意数量的FFOV天线子阵进行组合。天线子阵可以按照正三角形的方式组合布置，组合后的阵列天线允许±60°的方位角和仰角进行电扫描而不形成栅瓣。这些天线子阵积木可用于超高频（UHF）、L波段、S波段、C波段、X波段等，以便于任何尺寸的天线孔径的模块化构造。天线子阵的机械结构允许积木互锁，也可以简化输入和输出信号，供电以及整个天线孔径的冷却的连接。

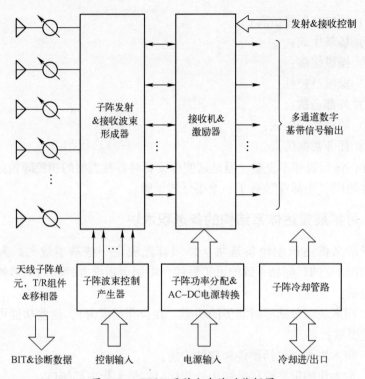

图 9.14　FFOV 子阵积木块功能框图

天线子阵积木物理尺寸满足支持宽带操作（作为工作带宽限制的函数）最小尺寸的要求，以便于在每个积木使用单个时延单元（物理的或其他的）。这将使 FFOV 子阵积木也成为宽带 FFOV 子阵列的基本元件，具有宽带激振/接收机，并在子阵层级应用时延。这表明，FFOV 子阵积木需要窄带和宽带两种不同的样式。

（2）LFOV 天线子阵积木块。图 9.15 是 FFOV 天线子阵积木的 LFOV 版本。主要区别在于使用天线子阵或喇叭代替天线单元，其间距大于 FFOV 操作所需的间距。同样，LFOV 子阵积木块具有窄带和宽带两个版本。

（3）信号/数据处理积木块。这个积木块是一个具有足够吞吐量、内存和 I/O 能力的数据处理器，以支持信号和数据处理软件。处理器将由多个服务器（如刀片服务器）组成，这些服务器可以在合理范围内轻松扩展，以根据常驻软件需求增加计算能力。

（4）信号处理软件积木块。该软件积木块包含 9.5.3 节中所描述的许多功能。图 9.16 显示了此积木的简单框图。

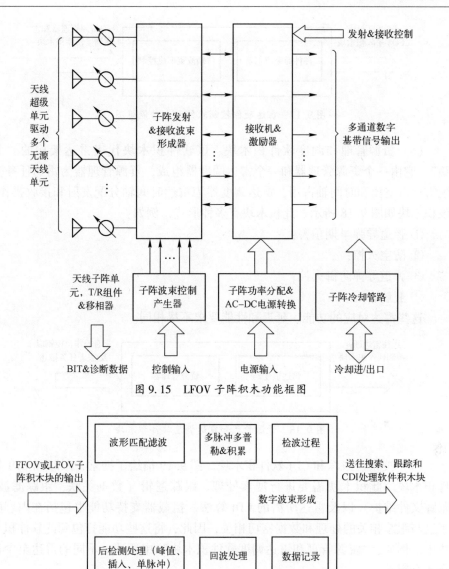

图 9.15 LFOV 子阵积木功能框图

图 9.16 信号处理软件积木功能框图

（5）雷达硬件控制软件积木块。图 9.17 展示了雷达硬件控制软件积木块。该积木块实际上是与 FFOV 或 LFOV 子阵积木块接口的软件，可提供用于波形生成、发射、接收和相关波束控制的发送与接收指令。此外，该块执行发射波束形成控制。该功能控制天线阵列的划分和发射时多个波束的形成，并实现了宽带发射操作的时延控制。

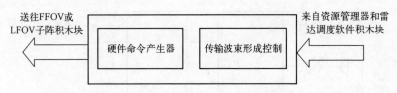

图9.17 雷达硬件控制软件积木功能框图

（6）资源管理和调度软件积木块。该软件积木块代表雷达架构的"大脑"。它由一个资源管理器和一个雷达调度器组成，资源管理器为雷达任务分配雷达占空比和时间轴占用，雷达调度器为雷达时间轴分配发射和接收操作。该积木块如图9.18所示。此积木块有多种形式，例如：

① 弹道导弹早期预警；
② 防空火控；
③ 弹道导弹防御火控；
④ 舰艇自卫。

这些雷达对应的功能、延迟和性能要求不尽相同。

图9.18 资源管理和雷达调度软件积木块

（7）搜索、跟踪和CDI软件积木块。图9.19描绘了搜索、跟踪和CDI软件积木块。此积木块需要进行搜索处理、跟踪逻辑（数据关联、跟踪滤波、跟踪文件维护）以及雷达所需的CDI算法。拦截器支持功能也包括在内。由于这与跟踪相关的处理和数据密切相关，因此，将这些功能打包到此软件积木块中。例如，"资源管理和雷达调度软件积木块"中所述，不同的雷达至少存在4个版本。

图9.19 搜索、跟踪和CDI软件积木功能框图

(8) 天线基座和伺服控制积木。该硬件块包括天线基座和控制基座机械转向的天线伺服控制系统（ASCS）。简化的结构框图如图 9.20 所示。

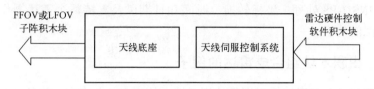

图 9.20　天线基座和伺服控制硬件积木功能框图

(9) 电力系统积木块。该硬件积木块包括发电、电力转换和功率调节，该积木块向雷达提供所有的所需电压和必要的功率。

(10) 冷却系统积木块。该硬件积木块包括冷却源（如冷却器、热交换器）、冷却介质（如水、乙二醇溶液）和为所有雷达硬件块提供冷却所需的传输通道（如泵、软管）。

(11) FD/FI、校准积木块。该软件积木包括雷达系统级故障检测（FD）、故障识别（FI）、标定和校准功能，用于收集和评估雷达的健康数据，并基于先导脉冲处理和类似校准功能计算标定和校准数据。

(12) 操纵员显示和控制硬件/软件积木块。该硬件/软件积木块由操作雷达系统所需的操纵员控制和显示软硬件组成。

(13) 场景生成和仿真软件积木块。该软件积木块生成目标和环境（如船舶运动、杂波、干扰、诱饵）场景，并控制和实现数字仿真和带硬件的仿真或模拟仿真功能，如图 9.21 所示。

图 9.21　场景生成和仿真软件积木块功能框图

(14) 预处理和后处理软件积木块。该软件积木块包括创建任务前数据（如波形匹配滤波器副本、任务配置文件）和处理、缩减、编译用于测试以及生成性能评估的数据报告所必需的工具。

(15) 外部通信硬件/软件积木块。该硬件/软件积木块提供了所有外部系统的接口,并对数据进行格式转换和格式化。

(16)应用程序和服务软件积木块。该软件积木块包括所应用程序和服务,如 INS/GPS 处理、坐标转换、时间和日期以及支持整个雷达操作所需的其他类似的功能。

9.5.4 由积木块组合成雷达的例子

为了演示可扩展结构概念的使用,展示使用 9.4 节中定义的硬件和软件构件组合两个雷达系统的示例。

9.5.4.1 宽带 FFOV 雷达

图 9.22 描绘了由积木块组合成的 WB 火控雷达。

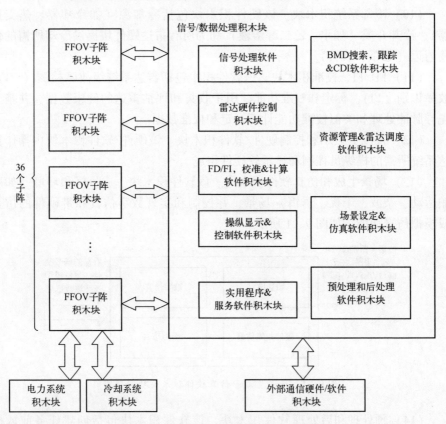

图 9.22 由积木块组合成的 WB 火控雷达

9.5.4.2 机械扫描 LFOV 雷达

图 9.23 展示了由积木块组合而成的机械扫描 LFOV 雷达。

第 9 章 相控阵雷达体系结构

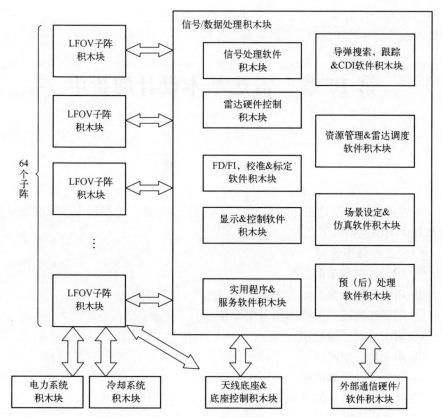

图 9.23 由积木块组合成的机械扫描 LFOV 雷达

第10章 雷达基本设计的折中

10.1 引　　言

在为任何应用设计雷达时都要做大量的折中考虑。这些折中研究的主要类别和具体类型包括以下几种。

(1) 工作频率选择。
① 用于搜索和跟踪。
② 用于目标分类。
③ 用于在杂波、干扰和箔条中工作。
④ 用于早期预警应用。
⑤ 用于防空中的应用。
⑥ 用于导弹防御应用。
⑦ 用于海面目标搜索和跟踪。
(2) 波形选择。
① 晴空中：
搜索；
跟踪；
目标分类和识别。
② 杂波中：
搜索；
跟踪；
目标分类和识别。
③ 箔条中：
搜索；
跟踪。
(3) 雷达覆盖。
① 距离。
② 角度。

③ 多普勒。
(4) 接收机工作特性设计。
① 目标起伏类型。
② 虚警概率和检测。
③ 相干积累（CI）和非相干积累（NCI）。
④ 脉冲重复频率（PRF）。
(5) 搜索设计。
① 目标类型、起伏模型和动力学。
② 搜索栅栏与立体搜索。
③ 相干和非相干积累。
④ 累积概率法（如二进制、M/N 法则）。
(6) 跟踪体系结构和参数选择。
① 目标类型和动力学。
② 数据关联算法选择。
③ 跟踪滤波和模型选择。
(7) 目标分类选择。
① 空中目标。
② 弹道导弹目标。
③ 舰船和车辆目标。

本章将讨论这些折中研究，并对每种类型的相关目标和方法进行概述。

10.2 工作频率选择

在大多数情况下，这是在雷达系统设计中进行的第一次折中研究。影响频率选择的因素有很多，包括：
(1) 要执行的雷达功能；
(2) 操作环境；
(3) 雷达任务；
(4) 要处理的目标类型。

雷达的类型和功能通常对频率选择有最强烈的影响。在大多数情况下，工作频率的选择可以通过使用适当形式的雷达距离方程（RRE）来分析。下面各小节将探讨此方法。

10.2.1 立体搜索

第 1 章提供了用于支持雷达关键功能的不同形式的 RRE，如立体搜索、地平线栅栏搜索、跟踪灵敏度和跟踪精度。参考第 1 章，RRE 的立体搜索形式为

$$\text{SNR} = \frac{\sigma T_{sc}}{(4\pi) k T_s R^4 \psi L_t L_r} P_{\text{AVE}} A_r \quad (10.1)$$

式中：参数 σ、T_{sc}、T_s、R、ψ、L、P_{AVE} 和 A_r 分别是 RCS、搜索扫描或帧时间、系统噪声温度、目标斜距、搜索立体角、发射和接收损耗、平均发射功率和接收孔径。

如前面所述，式（10.1）中没有清晰的频率依赖关系。因此，除了系统噪声系数和损耗外，搜索灵敏度（SNR）仅是平均功率孔径积的函数。这表明，在选择雷达工作频率时应考虑两个问题。

（1）最小的雷达成本。
（2）切实可行的时间轴占有率。

在研究相控阵雷达的成本时，人们很快发现，波长越大，即工作频率越低，雷达的成本就比频率越高的雷达成本低得多。这包括以下两个主要因素。

（1）有效天线单元面积大。
（2）收发（T/R）组件功率随频率的增大而增大。

第一个因素导致对于给定尺寸的天线孔径所需天线单元和 T/R 组件会比较少，第二个因素导致对于固定尺寸的天线孔径要具有更高的发射功率。这两个因素共同影响着雷达前端成本，主要是天线和波束控制产生器，它们可以占到相控阵雷达总成本的 1/3~1/2。

对搜索时间轴占用的考虑也有利于较低的工作频率，因为对于给定大小的天线孔径，较低的频率会导致较大的天线波束宽度。这反过来又导致搜索给定立体角，式（10.1）中的参数 ψ 所需的波束位置的数量大大减少。波束位置（或波束）数量的减少对应于较低的波束速率来执行给定大小的立体搜索，这可以极大地放宽对波形调度的要求。最终，使用较低的工作频率进行搜索可以减少在较高频率下受到的时间轴占用限制。这是许多搜索雷达使用 UHF 或 L 波段（RF）的原因之一。图 10.1 说明了不同工作频率下所需的搜索波束数据率，其中 D 是天线孔径直径。

从图 10.1 可以看出，对于给定的天线孔径，在较高的工作频率（即较小的波长）下，所需的搜索波束速率会增加。表 10.1 说明了一个立体搜索覆盖的折中。

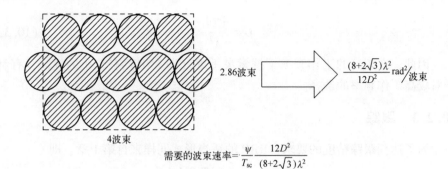

图 10.1　要求的搜索波束速率与工作频率的关系

(1) 距离：400~1100km。
(2) 方位角：45°。
(3) 仰角：25°。
(4) 搜索帧时间：0.5s。

所选波形为 2.5ms 的脉冲，调度间隔为 10ms（即 25% 占空比）。此波形的可用波束速率为 100 波束/s，天线直径为 5m。表 10.1 显示了本例中时间轴占用较低工作频率的优势。

表 10.1　搜索时间轴占用和工作频率

工作频率	需要波束速率	可达波束速率	占用受限
UHF	25	100	否
L 波段	136	100	是
S 波段	273	100	是

10.2.2　地平线栅栏搜索

雷达可以利用地平线栅栏搜索来探测"穿越地平线"的目标。这是一种节省能量的搜索方法，因为它们仅把一个方位扇区分成在仰角上是一个（或几个）波束来进行扫描，通常位于或略高于（通常为 1°~3°）当地地平线。这种类型搜索的 RRE 也在第 1 章中提供，定义为

$$\text{SNR} = \frac{\sigma}{(2\sqrt{\pi})kT_s R^3 \psi N v_T L_t L_r} \frac{P_{\text{AVE}} A_r}{\sqrt{G_r}} \quad (10.2)$$

式中，N、v_T 和 G_r 分别是期望的检测次数、目标垂直速度和接收天线增益。可以看出，对于地平线栅栏搜索，天线接收增益这一项对工作频率的依赖性很弱，其中

$$G_r = \frac{4\pi A_r}{\lambda^2} \tag{10.3}$$

因此,在较高的工作频率下搜索灵敏度(即 SNR)有较小的提高,有利于对较高工作频率的选择。

10.2.3 跟踪

为了达到跟踪精度的要求,RRE 的适当形式同样来自第 1 章,即

$$\sigma_\theta^2 = \frac{(4\pi)^3}{2k_m^2 T_t} \cdot \frac{kT_s R^4 L_t L_r}{P_{\text{AVE}} A_r G_t G_r \sigma} \tag{10.4}$$

可以看出,精度与平均功率-孔径-增益平方的乘积的倒数成正比。因此,如式(10.3)所定义,精度通过天线增益对频率有非常强(f^4)的依赖性。如果跟踪是雷达的主要需求,则应选择较高的工作频率。

10.2.4 目标分类和分辨

对于分类和鉴别这些雷达功能,高信噪比是驱动要求。一般来说,所有分类和分辨的目标特征的精度随着信噪比的提高而提高。

RRE 控制着灵敏度参数,如第 1 章所定义,跟踪灵敏度表示为

$$\text{SNR} = \frac{P_t G_t A_r \sigma}{(4\pi R^2)^2 kT_s BL_t L_r} \tag{10.5}$$

如式(10.5)所示,SNR 是峰值功率-孔径-增益乘积的函数。跟踪情况与之类似,式(10.3)中定义的天线增益项是与频率有关的。

因此,灵敏度与雷达的工作频率的平方成正比,并且在雷达高频率上,灵敏度的提升尤为明显。再加上跟踪精度的 f^4 关系,这是高质量运动学特征的基础,可以看出,为什么要求良好的目标分类和识别性能的雷达通常会在较高的工作频率下工作。

10.2.5 工作环境

典型的相控阵雷达工作环境除了洁净的环境外,还包括:
(1) 地面和体杂波;
(2) 箔条;
(3) 电子对抗措施(ECM)或人为干扰。

上述每种环境都会降低所有雷达功能(如搜索、跟踪、目标分类)的性能。与前面一样,可以通过 RRE 的适当形式来预测这些性能的下降。

10.2.5.1 杂波

对于面杂波或区域杂波，RRE 为

$$\text{SNR} = \frac{P_t G_t A_r \sigma}{(4\pi R^2)^2 L_t L_r} \cdot \frac{(4\pi R_c^2)^2 L_t L_r}{P_t G_t \sigma_{杂波} A_r'} = \left(\frac{A_r}{A_r'}\right)^2 \cdot \left(\frac{R_c^3}{R^4}\right) \cdot \left(\frac{\sigma}{\sigma° \left(\frac{c\tau}{2}\right) \tan\phi \theta_{AZ}}\right) \tag{10.6}$$

式中：R_c、$\sigma°$、A_r'、τ、ϕ 和 θ_{AZ} 分别是杂波距离、杂波系数、杂波有效接收孔径、脉冲宽度、俯仰角和天线方位 3dB 波束宽度。

体杂波的 RRE 为

$$\text{SNR} = \frac{P_t G_t A_r \sigma}{(4\pi R^2)^2 L_t L_r} \cdot \frac{(4\pi R_c^2)^2 L_t L_r}{P_t G_t \sigma_{杂波} A_r'} = \left(\frac{A_r}{A_r'}\right)^2 \cdot \left(\frac{R_c^3}{R^4}\right) \cdot \left(\frac{\sigma}{\sigma° \left(\frac{c\tau}{2}\right) \theta_{AZ} \theta_{EL}}\right) \tag{10.7}$$

式中：θ_{EL} 为天线仰角为 3dB 的波束宽度。

注意：在式（10.6）和式（10.7）中，频率并没有明确地作为参数出现。然而，天线波束宽度在较高频率下会减小，杂波系数 $\sigma°$ 通常与频率有关。另外，由于多普勒关系：

$$f_D = -\frac{2\dot{R}}{\lambda} \tag{10.8}$$

在更高的工作频率下，杂波的多普勒扩展更宽，因此，需要更高的脉冲重复频率（PRF）来保持合理的清晰多普勒区域，以用于目标检测。PRF 的选择将影响目标检测的距离模糊度（即需要考虑多少可能的距离间隔）和杂波折叠效应。因此，应选择工作频率来平衡这些因素。

10.2.5.2 箔条

箔条，或大量反射材料（即偶极子天线）被目标分散开来，以呈现出另一个大的 RCS 目标来诱骗雷达。它可以被认为是体杂波。在这里对雷达来说，一种箔条缓解技术是实现尽可能小的分辨单元，以限制箔条偶极子与目标 RCS 竞争的数量，或者用目标和箔条距离变化率的差异将两者分开。当然，利用期望回波（即目标）和非期望回波（即箔条）之间的多普勒差异被证明是能足够减弱箔条干扰的。

雷达有 4 个基本的分辨维度可用于减弱箔条干扰。

(1) 距离。

(2) 方位角和仰角。

(3) 多普勒。

由于天线波束宽度的大小决定了雷达的角分辨力,方位角和仰角分辨力对限制箔条体积的作用较小。然而,距离和多普勒分辨力可以更有效地限制箔条 RCS 在目标和箔条分离之前与目标竞争。

由于距离分辨力是波形带宽的函数,并且,通常情况下,较高的工作频率允许更宽的带宽,因此,在较高的频率下工作可以更好地降低箔条干扰。在多普勒维度中,分辨力是由相干积累时间或相干处理间隔(CPI)来驱动的:

$$\delta_{\text{Doppler}} = \frac{1}{T} = \frac{1}{\text{CPI}} \qquad (10.9)$$

最大 CPI 取决于雷达硬件的相干时间,这是由激励有效建立起来的,还和目标的相干时间或相关时间常数有关。在大多数情况下,目标是限制因素。提高多普勒分辨力可以更快速地分离目标和箔条。

10.2.5.3 电子对抗措施

在第 1 章中,阻塞噪声干扰情况下的 RRE 定义了信干比(SIR)为

$$\text{SIR} = \frac{P_t G_t G_r \lambda^2 \sigma R_J^2}{(4\pi)^2 P_J G_J R^4 L_t L_r} \qquad (10.10)$$

式中:P_J、G_J 和 R_J 分别是干扰功率、天线增益与斜距。与 RRE 的跟踪灵敏度形式一样,这种关系可以重新表示为与 f^2 成比例,这样有利于更高的工作频率。

因此,无论干扰是在雷达的天线主瓣(即自屏蔽或护航干扰机)中,还是在天线副瓣(即对峙干扰机)中,当所有其他雷达参数具有相同的值时,工作频率较高的雷达比低频雷达具有更高的 SIR。

10.2.6 雷达应用

10.2.6.1 空中防御

防空雷达执行搜索和截获、跟踪以及非合作目标识别(NCTR)。如前几节所述,后一种功能更适合工作频率较高的雷达。

10.2.6.2 导弹防御

用于导弹防御火力控制的雷达必须执行与防空雷达类似的功能。

10.2.6.3 早期预警

监视和目标截获是预警雷达的主要功能。如 2.1 节和 2.2 节中的描述,较低的工作频率,如 UHF 和 L 波段是这些功能的首选频率。

10.2.6.4 地、海面目标搜索和跟踪

典型的海面搜索和跟踪雷达必须在强杂波环境下工作。为了抑制杂波后向散射,采用了动目标指示器(MTI)和脉冲多普勒波形。由于目标必须与静止

或缓慢运动的杂波区分开来，通常采用低到中等的 PRF 波形。根据这些雷达要执行的其他功能，可以使用 S、C 或 X 波段雷达。

10.3 波 形 选 择

影响雷达波形选择的因素很多。接下来的章节将讨论其中的一些因素。

10.3.1 干净环境

10.3.1.1 搜索

在洁净的环境中，可以使用单脉冲或多脉冲波形。通常使用窄带宽波形，因为搜索是一种态势评估功能，即仅具有"警铃"的能力。搜索使用的带宽在几百千赫到大约 1MHz 的范围。线性调频（LFM）是最常用的。然而，其他调制也是可能的，如非线性调频（NLFM）和相位编码。LFM 的一个优点是它具有较好的多普勒容限；也就是说，当目标导致的多普勒信息不确定时（通常是搜索的情况），匹配滤波器的输出仅有很小的退化。对于单个脉冲不足以用于检测目标的情况，可以使用多个脉冲来实现某种形式的非相干或相干积累。前者包括二进制积累技术，如 M/N 检测。

10.3.1.2 跟踪

一旦截获目标，就可以启动、维持或更新等跟踪功能。根据要跟踪的目标类型和跟踪数据的后续使用，可以使用不同带宽的波形。通常使用 LFM，也可以使用其他调制如同搜索中的使用一样，如 NLFM 和相位编码波形。同样，像搜索一样，单脉冲或多脉冲波形也可以使用。当单脉冲不能提供足够的信噪比时，使用后一种波形。然而，由于跟踪是基于每次更新时的可能检测，而不是搜索时的累积检测概率，因此，每个脉冲信噪比低的情况下，通常使用相干积累波形进行跟踪。

试探性地来看，跟踪波形带宽通常被选择来匹配跟踪目标的近似长度。对于空中目标跟踪，可以使用 5~20MHz 的带宽。这些带宽对应 7.5~30m 的距离分辨力，这包括大多数空中目标。对于弹道导弹目标和导弹目标的复合体，通常在 10~50MHz 的范围内使用大带宽。这些带宽对应于 3~15m 的距离分辨力，更适合匹配导弹类型的目标。

10.3.1.3 目标分类和分辨

目标分类和分辨所需的波形是由目标特征提取的类型来要求的。一般来说，需要两种波形类型收集用于空中和弹道导弹目标分类的特征：窄带和宽带。窄带波形用于基于运动学的特征（如减速）以及签名特征。

窄带波形的带宽与用于跟踪的带宽类似（并且可以相同），如在 5~50MHz 的范围内。宽带宽则可以在几百兆赫及更高的范围。

10.3.2 杂波环境

对于需要在陆地或海面上进行检测和跟踪的情况，或者对于必须处理地面或低仰角目标的地面雷达，就可能存在严重的杂波环境。在这些情况下，3.1 节中讨论的单脉冲波形是不够的，因为它们不具备抑制杂波的能力。相反，相干处理的多个脉冲波形则是必需的。用于杂波环境的常见波形是第 1 章和第 2 章讨论的 MTI 和脉冲多普勒类型。

这些是多脉冲相干波形，通常由 3 个或更多脉冲序列组成，时间间隔相等（按脉冲重复间隔（PRI），或频率按脉冲重复频率）。"相干"是指要了解脉冲序列中每个脉冲的相位。相干性是雷达波形激励或产生功能的必要属性。该功能通常由激励器或发射机在硬件上来实现。

根据不同的应用，MTI 波形可由 3~5 个脉冲组成，而脉冲多普勒波形通常可由 8~32 脉冲组成。如第 1 章和第 2 章所述，它们的处理方式不同。

10.3.2.1 搜索

对于干净的环境情况，搜索使用窄带波形，通常在几百千赫至 1MHz 的范围内。脉冲序列的每个子脉冲通常是 LFM 类型。使用的 PRF 取决于预期的目标速度和杂波的多普勒范围。当然，如果可能，最好使用足够低的 PRF，以便在所需的搜索距离范围内不产生距离模糊。这就简化了提取目标距离所需的处理。如果要求更高的 PRF 以实现足够的杂波消除，则需要处理这些距离模糊以确定不模糊的目标距离。

10.3.2.2 跟踪

杂波环境中的跟踪可以使用窄带 LFM 子脉冲，带宽在 5~50MHz 范围内，如同其在干净环境中使用的一样。一般来说，虽然低 PRF 波形具有不模糊的距离是理想的，但是具有一定合理数量的距离模糊的中等 PRF 是可以接受的。对于 MTI 和脉冲多普勒类型的处理，通常使用多个交错 PRF 来避免盲区和盲速。

10.3.2.3 目标分类和分辨

类似于前面描述的跟踪波形，中等 PRF 中的子脉冲 LFM 具有从几百兆赫到更高的带宽用于进行分类和鉴别。在需要提取多普勒的情况下，可以使用较长的相干处理间隔来提高多普勒分辨力。

10.4 雷达覆盖

折中研究通常是为了优化雷达在距离、角度和多普勒方面的覆盖范围。每种类型的折中分析将在后面的章节中进行介绍。

10.4.1 距离

距离覆盖通常是在雷达需求规范中明确规定的。然而，在某些应用中，这些文件中仅定义了任务级需求，雷达覆盖范围必须通过折中研究和分析得出。

距离覆盖要求可以是任务类型（如早期预警、防空、导弹防御、数据收集）或雷达功能（如搜索、跟踪、目标分类或 NCTR）类型。

对于空中目标和弹道导弹早期预警任务，距离覆盖通常被解释为搜索范围，它是方位角、仰角和高度的函数。在这些应用中，必要的距离覆盖是为了建立一个防御区域或隔离区，通常为特定的设计方案。在许多情况下，是以最大化作战空间来满足要求。在数据收集应用中，既可以直接给出明确的距离覆盖，也可以提供数据收集场景，从中可以推导出距离覆盖。

监视功能通常对雷达自主能力有明确的距离覆盖要求，如立体搜索或地平栅栏搜索。有时，这些需求可以从所需的传感器到传感器的交接或引导搜索能力中推导出。类似地，当没有明确指定时，跟踪的距离覆盖满足目标的类型和分布的需求。

10.4.2 角度

当雷达系统规范中未明确规定方位角和仰角覆盖范围时，通常可以按照 4.1 节中的距离覆盖进行定义。执行的任务或雷达功能都可以建立起对这些覆盖范围的要求。

10.4.3 多普勒

多普勒覆盖要求可以通过折中研究来确定，以优化雷达在搜索和跟踪中可以处理的目标速度范围。该覆盖是雷达工作频率的函数。

10.5 接收机工作特性设计

本节讨论建立相控阵雷达接收机工作特性（ROC）参数所需的考虑。一般来说，ROC 表示不同目标、波形和感兴趣的处理方式的检测概率与虚警概

率,通常以图形格式描述。雷达 ROC 设计考虑的方面包括:
(1) 目标起伏类型;
(2) 虚警和检测概率;
(3) 相干和非相干积累。

10.5.1 目标起伏类型

如第 1 章和第 2 章所述,存在许多不同的目标 RCS 起伏模型,例如:
(1) 恒定 RCS(即非起伏目标);
(2) 卡方模型(如 Swirling 模型 Ⅰ~Ⅳ);
(3) 对数正态分布。

第一个可以代表孤立的射频散射体,而第二个代表更复杂的目标类型(如飞机)。

对 ROC 进行解析的一个例子是 Swirling Ⅰ 型 RCS 起伏模型。检测概率为

$$P_d = P_{FA}^{\frac{1}{1+SNR}} \tag{10.11}$$

式中:P_{FA} 和 SNR 分别是虚警概率与信噪比。

其他目标起伏类型的 ROC 可以类似地表示,如果不是如式(10.11)所示的解析形式,则通过对适当目标模型的概率密度函数进行数值积分来表示。常用 RCS 波起伏模型的 ROC 在许多雷达检测理论教科书中都有涉及[10,12]。

10.5.2 虚警和检测概率

这里的折中通常包括选择基于波形带宽和距离窗口的虚警概率,用于限制给雷达截获功能报告的虚警数量。这个数字是雷达资源(如占空比、时间轴占用率)分配给服务虚警的百分比的函数。这些资源指的是由于噪声检测而试图证实(或验证)和截获(或跟踪起始)所浪费的雷达能量与时间轴资源。这里的折中取舍由如下关系决定:

$$P_{FA} = \frac{N_{FA} T}{N_b N_r} \tag{10.12}$$

式中:N_{FA}、T、N_b 和 N_r 分别是虚警次数、重访时间、波束数量与距离单元数量。

由上述虚警概率公式可见,通过指定天线波束区域,重访时间、覆盖角度和距离窗口大小(可通过距离单元的数量和波形带宽获得)等可以选择或降低虚警次数(即其在截获确认期间发生的次数)。

10.5.3 相干和非相干积累

以上讨论了单脉冲波形的接收机工作特性（ROC）。然而，当考虑脉冲积累来提高远距离弱目标的信噪比时，会影响 ROC。例如，当使用相干积累时，得到的信噪比为

$$SNR_{CI} = \alpha N_{CI} SNR_1 \tag{10.13}$$

式中：α、N_{CI} 和 SNR_1 分别是相干积累效率（小于 1）、目标回波相干积累数量与单脉冲 SNR。需要注意的是，相干脉冲序列中的所有脉冲必须处于相同的工作频率。

例如，对于 5.1 节中 Swirling Ⅰ 型的说明，相干积累回波的 ROC 为

$$P_d = P_{FA}^{\frac{1}{1+\alpha N_{CI} SNR_1}} \tag{10.14}$$

在非相干积累的情况下，导出了一种略有不同的 ROC 形式。在这里，当目标遵循 Swerling Ⅰ 型或 Swerling Ⅲ 型 RCS 起伏模型时，改变脉冲到脉冲间的频率以去相关连续目标回波是有利的。这种去相关将 Swerling Ⅰ 型转换为 Swerling Ⅱ 型，或者将 Swerling Ⅲ 型转换为 Swerling Ⅳ 型时，在任何一种情况下，当每个脉冲 SNR 大于最小值时，Swerling Ⅱ 型或Ⅳ型的非相干积累会比 Swerling Ⅰ 型或Ⅲ型具有更好的可检测性。

10.6 搜索设计

为优化相控阵雷达搜索设计，需要进行几个可能的折中研究，包括：
（1）目标类型、起伏模型和动力学；
（2）搜索栅栏与立体搜索；
（3）相干和非相干积累；
（4）累积概率（如二进制、M/N）。
以下各节将介绍这些内容。

10.6.1 目标类型、起伏模型和动力学

如第 1 章和第 2 章所讨论的，存在许多不同的目标 RCS 起伏模型，它们试图表现最常见的目标类型。这些目标包括：
（1）空中目标（如飞机、无人机、巡航导弹）；
（2）弹道导弹目标；
（3）地、海面目标（如车辆、舰船）。

每一类目标都表现出不同的特性，包括动力学特性和 RCS 统计特性。空中和地、海面目标类型将在下面进一步阐述。

10.6.1.1 空中目标

由于其物理结构、形状和不连续性（如接缝、附着物、锐利边缘），空中目标是复杂的射频散射体。这些特性导致 RCS 随观测几何形状、雷达工作频率和波形带宽的变化而变化。在包含多个散射源的单个距离分辨单元的带宽上，由于每个未解析的散射源的随机相位（由目标相对于雷达的运动引起）会引起射频源的增加或减少，导致了相长和相消干扰。当带宽足够大，一个距离单元中只包含单个散射体时，只要没有阻塞或遮蔽，就不会出现 RCS 起伏。

10.6.1.2 地、海面目标

地、海面目标与空中目标非常相似，只是它们的动力学性质不同。大多数地、海面目标，如舰船和车辆，移动速度很慢，因此，RCS 的起伏频率可能小于空中目标。同样，较简单的目标起伏可能较小（如 Swerling Ⅰ型或Ⅲ型），较复杂的目标波动可能较快（如 Swerling Ⅱ型或Ⅳ型）。地、海面目标可能具有较大的平均 RCS 值（如 0~20dBsm）。

10.6.2 搜索栅栏与立体搜索

执行监视或搜索是大多数雷达的关键功能，因为在任何态势评估、跟踪、目标分类、数据收集或其他任务功能开始之前，必须检测到目标。根据任务类型、特定目标类型和要探测区域的大小，可以采用不同的搜索方式。一个主要的折中方案是确定在给定的雷达应用中使用的最节省资源的搜索技术。

关于是使用地平栅栏搜索，还是使用更全面和资源密集型的体积搜索将在这里讨论。首先要回答的基本问题是：从任务的角度来看，地平栅栏是否可行。对于许多弹道导弹预警或火控应用，地平栅栏是可行的。

当然，对于许多防空应用，需要在包括多种不同目标类型的高度范围内大体积的测量，体积搜索可能是唯一可行的解决方案。出于情况评估的目的，可能会出现这种情况。另一种资源密集度较低的解决方案可能是多个堆叠的搜索栅栏，在高度上适当隔开，以提供必要的覆盖范围，而无须进行完全的体积搜索。

在任何情况下，需要探索这些和其他替代方案，以选择性能和雷达成本平衡的搜索设计。与上述分析相结合，对于可能出现的目标模型选择特定的检测技术，如相干或非相干脉冲积累。

10.6.3　相干和非相干积累

当某些目标或应用需要额外的检测能力时，相干或非相干积累是有用的。其用途的例子包括在远距离获取非常小的目标，或执行比搜索或跟踪功能要求更高信噪比的其他功能。积累通常不是用来克服雷达尺寸的缺点，而是在必要时分配可用的雷达占空比和时间轴占用率，以实现更重要的功能。当仅偶尔需要额外的信噪比或某些工作模式时，这比在最坏情况下改变雷达平均功率孔径更可取。

由于搜索性能是通过检测的累积概率来实现的，因此通常使用单个脉冲的二进制积累或脉冲串的相干或非相干积累。一般来说，非相干积累用于搜索，因为在起伏目标上作非相干积累会比在固有起伏 RCS 上试图作相干积累会产生更好的可探测性（因为相干积累受目标 RCS 相关时间常数的限制）。此外，相干积累所需的相位相干性更难保证。

基本的折中考虑是，对于所截获的目标类型，是否应该使用频率分集来提高可探测性（如分别将一个 Swerling Ⅰ 型或 Ⅲ 型 RCS 模型转换为一个 Swerling Ⅱ 型或 Ⅳ 型模型）。这可能会对搜索功能提出附加要求，如要求多个频率可用于搜索，这可能会在只有少数窄带频率可用时妨碍搜索能力（如由于干扰影响）。

10.6.4　累积概率方法

另一个需折中考虑的内容是检测处理的类型和用于搜索的规则。可能包括：

(1) 单脉冲检测；
(2) 二进制积累（即 M/N 规则）；
(3) 非相干积累；
(4) 相干积累。

10.6.4.1　单脉冲检测

最简单的方法是使用单脉冲检测准则。一般来说，这是不建议的，因为它导致雷达设计过度。为单脉冲检测所需的信噪比远高于使用多次照射并累积检测概率方法时所需的信噪比。更高的信噪比要求转化为较为悲观的平均功率孔径要求，也就是说，可能导致雷达天线尺寸过大。

10.6.4.2　二进制积累

这是指出搜索回波的常用方法。对检测的要求是 N 个检测中的 M 个（即"观察到"目标）是成功的，即超过检测门限。如前几章所述，这样的结果是导致每个脉冲检测概率很低，需要将每个脉冲的低信噪比进行累积来实现期望的累积检测概率。二进制积累的一个特例是 1/N 准则。这将导致所需的信噪比最低，但在指定的检测概率下，虚警概率最高。

10.6.4.3 非相干积累

当 6.4.1 节和 6.4.2 节所述的单脉冲或累积检测概率方法都无法满足单脉冲信噪比要求时，可以使用某种形式的脉冲积累。如前所述，非相干积累通常是最佳的方法。NCI 可以与二进制积累一起使用，以有效地实现搜索需求。这种方法对 M 个回波序列进行 NCI，然后再应用 M/N 规则，或者使用单回波序列进行检测。当然，如 6.4.1 节所述，这可能导致雷达尺寸过大。

10.6.4.4 相干积累

这与 6.4.3 节中的方法类似，只是用相干积累代替 NCI。如同上面的讨论一样，这对回波的一致性提出了要求。由于许多类型目标的窄带 RCS 的预期起伏，回波的一致性再次受到目标相关时间常数的限制。

10.7 跟踪体系结构和参数选择

对跟踪的折中考虑通常用于数据关联算法选择、跟踪滤波器和目标模型选择，作为目标类型、动力学特征和波形参数的函数。以下各节将讨论这些内容。

10.7.1 数据关联算法

在相控阵雷达跟踪功能设计中，选择合适的数据关联算法是一个关键的决策。强烈影响这一决策的两个因素是目标特性（如空间密度和动力学特征）和跟踪波形带宽（即波形的距离分辨力）。这些都不是独立的考虑因素。对于典型的窄带跟踪，在波形带宽不能过度解析目标（即在目标体上隔离单个射频散射体，或换句话说导致"点目标"），目标密度将是目标体的可能物理间距的函数。例如，相对于跟踪波形带宽，空中目标可能不是密集分布。

基本的折中是所选 DA 算法的复杂性相对于目标密度和预期目标的动态。一般来说，对于空中和地、海面目标跟踪，通常可以采用较简单的 DA 算法（如最近邻算法（NN））。对于密集目标，可能需要更复杂的 DA 算法（如本书其他章节所讨论的联合概率数据关联（JPDA）或 NN-JPDA）。

10.7.2 跟踪滤波器和目标模型

同样，被跟踪目标的类型和动态特性最终决定了跟踪滤波器类的选择。两种主要的跟踪类型是空中目标和弹道导弹目标，第三种是包括船只和车辆在内的地、海面目标。本节重点介绍前两个目标，因为第三个目标的挑战性较小，可以视为空中目标的一个子集。此外，由于地、海面目标的动态相对较少，如速度和机动能力，因此，通常使用边跟踪边扫描的方法，如第 1 章中所述的空中交通管制（ATC）方法。地、海面目标的主要问题是剩余杂波回波的抑制。

10.7.2.1 空中目标

跟踪许多空中目标，如飞机和直升机，有其挑战性，因为所有目标都是由飞行员或操作员直接或远程控制的。因此，跟踪算法必须适应不可预测的行为，如突然的动作、俯冲、爬升和高 G 转弯。

这类型的目标有两种基本跟踪方法。

（1）添加过程噪声，以适应未建模的机动。

（2）多模型跟踪滤波器。

第一种方法的经典用法在 Singer 论文中有描述，见参考文献 [13]。Singer 用一个简单的随机模型来近似飞机的机动行为。该模型有效地调整了添加到系统模型中的过程噪声大小，以考虑未建模的飞机转弯、俯冲等情况。如果需要适度精确的跟踪性能，这种方法可以很好地工作。此外，如果需要更好的跟踪精度，并且有多余的雷达资源可用，那么，增加跟踪更新率和相应降低过程噪声，将产生更小的跟踪误差。

第二种方法是实现某种形式的多模型跟踪滤波器，其中使用多个不同的模型，每个模型用于特定的类别或机动幅度。一个流行的方法是交互多模型（IMM），在本书的其他地方讨论过，详细内容可见参考文献 [14, 16]。IMM 跟踪滤波器近似最优地混合了不同模型滤波器的输出。这种方法在理论上可以比单独添加过程噪声获得更高的精度，而且跟踪速率更低。在实际应用中，加入过程噪声的方法通常能满足空中目标跟踪的要求。

10.7.2.2 弹道导弹目标

以类似的方式，弹道导弹目标在整个飞行阶段的跟踪也有两种基本方法：添加过程噪声和使用类似于 IMM 技术，建立多相动力学模型的跟踪滤波器。同样，除了用增加的跟踪更新率换取降低的过程噪声之外，为了非常精确的跟踪，可以使用 IMM 滤波器等方法。至于空中目标，在实际应用中，添加过程噪声是足够的。

10.8 目标分类

相控阵雷达在选择合适的目标特征和分类器时所做的折中考虑是由雷达的

任务决定的,而被分类的目标类型又反过来取决于雷达任务。在跟踪方面,3 个基本目标类如下。

(1) 空中目标。

(2) 弹道导弹目标。

(3) 舰船和车辆目标。

正如本书其他部分所讨论的,贝叶斯分类器是决定目标类型或样式的最佳算法。然而,对于许多雷达上非压力的应用,当目标类型在统计上很好地分离时,可以使用诸如决策树之类更简单的方法。在以上 3 个目标类中进行选择时,经常会遇到这种情况。

当然,在确定目标类时可能只有很小的类间统计差异,这就可能需要贝叶斯或 Dempster-Shafer 方法等算法。参考文献 [17-21] 是关于不同分类器及其应用的参考资料。

在折中相互竞争的目标特征价值时,一阶 K 因子分析可用于确定哪些特征具有最大的区分能力或分离力。通常只需要可能的目标特性的一小部分来分离特定的目标类型或样式。当然,子集的组成部分会因分离不同的类型或样式而有所不同,这也是事实。

在使用 K 因子等分析手段对目标特征进行初步筛选后,通常需要进行高保真度的蒙特卡罗分析,以最终确定特征集的组成,并对分类器数据库进行细化等。这些相同的蒙特卡罗方法可以用于不同的试验和随机变化的场景和目标参数,以预测分类器性能。

10.9 参 考 文 献

本节为本章提供了一系列有用的雷达参考资料。

[1] J. V. Candy, *Signal Processing—The Modern Approach*, McGraw-Hill,
[2] S. Haykin & A. Steinhardt, *Adaptive Radar Detection and Estimation*, Wiley, 1992
[3] S. Haykin, *Adaptive Radar Signal Processing*, Wiley-Interscience, 2006
[4] S. Kay, *Modern Spectral Estimation: Theory and Application*, Prentice-Hall, 1999
[5] D. Manolakis, *Statistical and Adaptive Signal Processing*, Artech House, 2005
[6] S. L. Marple, *Digital Spectral Analysis with Applications*, Prentice-Hall, 1987
[7] R. A. Monzingo & T. M. Miller, *Introduction to Adaptive Arrays*, SciTech, 2003
[8] R. Nitzberg, *Radar Signal Processing and Adaptive Systems*, 2nd Edition, Artech House, 1999
[9] A. Oppenheim & R. Shafer, *Digital Signal Processing*, Prentice-Hall, 1975
[10] A. Papoulis, *Probability, Random Variables, and Stochastic Processes*, McGraw-Hill, 1965
[11] A. Papoulis, *Signal Analysis*, McGraw-Hill, 1977

[12] H. Van Trees, *Detection, Estimation and Modulation Theory, Part 1*, Wiley-Interscience, 2001
[13] R. A. Singer, "Estimating Optimal Tracking Filter Performance for Manned Targets," *IEEE AES-6*, Issue 4, July 1970, pp. 473–483
[14] Y. Bar-Shalom, *Multitarget-Multisensor Tracking: Principles and Techniques*, YBS, 1995
[15] Y. Bar-Shalom, *Multitarget/Multisensor Tracking: Applications and Advances*, Artech House, 2000
[16] S. Blackman & R. Popoli, *Design and Analysis of Modern Tracking Systems*, Artech House, 1999
[17] R. Duda, et al., *Pattern Classification*, 2nd Edition, Wiley-Interscience, 2000
[18] K. Fukunaga, *Introduction to Statistical Pattern Recognition*, 2nd Edition, Academic Press, 1990
[19] S. Theodoridis & K. Koutroumbas, *Pattern Recognition*, 2nd Edition, Academic Press, 2003
[20] P. Dempster, et al., *Classic Works on the Dempster-Shafer Theory of Belief Functions*, Springer, 2007
[21] G. Shafer, *A Mathematical Theory of Evidence*, Princeton University Press, 1976

第 11 章　性能驱动的雷达需求

11.1　引　言

相控阵雷达设计的一个基本步骤是将系统级雷达需求分配给硬件和软件子系统。本章针对构成相控阵雷达系统的主要硬件和软件子系统及其组成部分讨论这一问题。

11.2　雷达硬件需求

以下各节讨论分配给硬件子系统和组件的需求。

11.2.1　雷达距离方程驱动的需求

11.2.1.1　发射峰值功率

式（11.1）表示了雷达距离方程（RRE）的标准形式：

$$\text{SNR} = \frac{P_t G_t G_r \lambda^2 \sigma}{(4\pi)^3 k T_s B R^4 L_{\text{total}}} \tag{11.1}$$

式中：这些参数依次是常见的峰值发射功率、发射和接收天线增益、波长、RCS、Boltzmann 常数、系统噪声温度、到目标的斜距和雷达总损耗。

雷达天线尺寸折中研究通常会对式（11.1）提出要求，该等式可以重新排列为

$$\frac{P_t G_t G_r}{T_s} = \frac{(\text{SNR}_{\text{req}})(4\pi)^3 k B R^4 L_{\text{total}}}{\lambda^2 \sigma} \tag{11.2}$$

所需峰值功率可作为式（11.2）左边量的一部分来确定。单个参数的分配是由多个因素驱动的。

首先，可以指定平均功率孔径积或峰值功率孔径积，以实现搜索、跟踪或目标分类的任务性能要求，以压力最大的为准。相关的跟踪精度要求将影响孔径大小，以获得足够窄的天线波束宽度，如

$$\theta_3 = \frac{0.866\lambda}{L} \approx \frac{0.866\lambda}{\sqrt{A_e}} = 1.77\sqrt{\frac{\pi}{G}} \tag{11.3}$$

对于方形天线，所需的天线增益为

$$G = \left(\frac{1.77}{\theta_3}\right)^2 \pi \tag{11.4}$$

当发射和接收采用相同孔径，忽略接收天线上的任何锥削时，式（11.2）可表示为

$$\frac{P_t}{T_s} = \frac{(\mathrm{SNR}_{\mathrm{req}})(64\pi)kBR^4 L_{\mathrm{total}}}{\lambda^2 \sigma} \cdot \left(\frac{\theta_3}{1.77}\right)^4 \tag{11.5}$$

最后，注意系统噪声温度与接收噪声系数的关系：

$$T_s = \frac{0.876 T_{\mathrm{sky}} - 254}{L_a} + T_{\mathrm{tr}}(L_r - 1) + F_n 290 \tag{11.6}$$

式中：T_{sky}、L_a、T_{tr}、L_r 和 F_n 分别为天气温度、天线损耗、传输线温度和损耗以及低噪声放大器噪声系数。P_t 可计算为

$$P_t = \frac{(\mathrm{SNR}_{\mathrm{req}})(4\pi)^3 kBR^4 L_{\mathrm{total}}}{\lambda^2 \sigma \pi} \cdot \left(\frac{\theta_3}{1.77}\right)^4 \cdot T_s \tag{11.7}$$

11.2.1.2 发射和接收天线增益

由式（11.4）可得天线的基本增益。必须根据天线损耗和接收上的任何副瓣锥削进行调整。

11.2.1.3 噪声系数

噪声系数通常由前端接收链中的第一级低噪声放大器（LNA）驱动。因此，具体的微波技术和前端损耗是确定噪声系数的主要因素。噪声系数可用于计算系统噪声温度。对于在天线前端采用固态发射/接收（T/R）组件的有源相控阵雷达，噪声系数由使用的 LNA 技术（如 GaAs、GaN）和特定的 T/R 组件结构及其设计参数确定。

11.2.2 环境驱动的需求

雷达前端的一个理想特性是它们在期望信号电平的整个范围内线性工作。由于输入信号可以由目标回波、热噪声、干扰、杂波等组成，所以线性动态范围（DR）必须适应最小和最大信号电平，即

$$\mathrm{DR}_{\min} = \frac{S_{\max}}{S_{\min}} \tag{11.8}$$

线性动态范围常用 dB 表示：

$$DR_{min}(dB) = 10\lg\left[\left(\frac{S_{max}}{S_{min}}\right)^2\right] = 20\lg\left(\frac{S_{max}}{S_{min}}\right) \quad (11.9)$$

接收机模数转换器（A/D）必须符合以下要求。
（1）最小动态范围。
（2）系统噪声电平。
（3）任何想要的动态余量或裕度。

这要求 N 位 A/D 满足

$$2^N = \left(10^{\frac{DR_{min}(dB)}{20}}\right) \cdot \left(10^{\frac{Margin(dB)}{20}}\right) \cdot (\text{System Noise}) \quad (11.10)$$

式中：DR_{min} 是以 dB 为单位的最小动态范围，Margin 是以 dB 为单位的期望裕度；System Noise 是 A/D 最低有效位（LSB）中的系统噪声电平。A/D 中所需的位数为

$$N = \text{int}\left\{\frac{\ln\left(10^{\frac{DR_{min}(dB)}{20}}\right)}{\ln 2} + \frac{\ln\left(10^{\frac{Margin(dB)}{20}}\right)}{\ln 2} + \frac{\text{System Noise}}{\ln 2} + 1\right\} \quad (11.11)$$

考虑两个例子。第一个例子是在导弹防御中的应用，这里杂波不是问题，对于导弹目标的动态范围为 50dB，余量为 10dB，噪声设置为 3 个 LSB。使用式（11.11），所需的位数为 $N = 12$bit。

第二个例子是舰载雷达执行舰船自卫（SSD）任务。这里，动态范围的需求是由海面杂波驱动的。如果分析表明存在 77dB 杂波噪声比（CNR），则允许 15dB 的裕度或 A/D 余量，并且接收机噪声在 A/D 上设置为 3 个计数（即 3 个 LSB），然后再次使用式（11.11），则 A/D 的位数可计算为 $N = 17$bit。

11.2.3 波形驱动的需求

11.2.3.1 A/D 采样率

通过对雷达波形的分析和处理，可以确定 A/D 采样率。在采用基带同步检测的传统接收机中，接收机输出，即 A/D 处产生复值信号，同相（I）和正交（Q）通道所需的采样率由最大基带信号带宽决定。

采样率由雷达波形和处理确定。对于传统的基带复值信号的同步检测接收机，I、Q 采样率为

$$f_{sampling} \geq k_{os} B_{baseband} \quad (11.12)$$

式中：k_{os} 和 $B_{baseband}$ 分别是过采样因子（相对于最小 Nyquist 速率，这里 $k_{os} \geq 1$ 允许进行距离和幅度插值）和基带信号的带宽。

因此，非拉伸处理波形的 A/D 采样率为

$$f_{\text{sampling}} \geqslant k_{\text{os}} B_{\text{mod}} \tag{11.13}$$

式中：基带信号带宽是波形调制带宽 B_{mod}。

对于宽带波形和拉伸处理，采样率为

$$f_{\text{sampling}} \geqslant k_{\text{os}} B_{\text{dechirp}} \tag{11.14}$$

式中：B_{dechirp} 是接收机去斜下变换后 LFM 波形的带宽。

因此，非拉伸处理波形的 A/D 采样率由式（11.13）和式（11.14）给出：

$$f_{\text{sampling}} = k_{\text{os}} k_{\text{IF}} B_{\text{mod}} \tag{11.15}$$

对于宽频带波形和拉伸处理，式（11.14）变为

$$f_{\text{sampling}} = k_{\text{os}} k_{\text{IF}} B_{\text{dechirp}} \tag{11.16}$$

表 11.1 给出了数字脉冲压缩和拉伸处理的波形示例。通常，选择过采样因子（k_{os}）以允许在脉冲压缩（即脉冲匹配滤波）或拉伸处理之后进行距离和幅度插值。

表 11.1　A/D 采样率示例

	数字脉冲压缩	拉伸处理
过采样因子，k_{os}	1.2	1.2
LFM 或接收机去斜下变换后带宽，B_{mod} 或 B_{dechirp}	10MHz	50MHz （1ms@500MHz；15km） （0.5MHz/μs×100μs）
A/D 采样率，f_{sampling}	12MHz	60MHz

11.2.4　杂波消除驱动的需求

11.2.4.1　相位噪声

对相位噪声的需求通常由杂波消除的需求来确定。在 MTI 或脉冲多普勒波形和处理用于杂波抑制的情况下，主要在波形激励器侧的总积累相位噪声（尽管根据发射机类型，T/R 组件也可能有贡献），以及在某些情况下，取决于接收机和激励器的稳定本振源（STALO），将会限制可能的杂波消除。

在大多数情况下，消除杂波的能力是有限的：

$$\text{CCR}(\text{dB}) = \text{IPNL}(\text{dBc}) + M_{\text{dB}} \tag{11.17}$$

式中：CCR 是以 dB 为单位的杂波消除比；IPNL 是积累相位噪声电平，是相对于载波（dBc）以 dB 为单位进行测量的；M 是期望的消除裕度。因此，最大积累相位噪声电平由下式给出：

$$\text{IPNL}(\text{dBc}) \leqslant \text{CCR}(\text{dB}) - M_{\text{dB}} \tag{11.18}$$

例如,利用式(11.18)计算系统相位噪声水平(即计算所有影响因素,如激励器、接收机、天线等),要求消 CCR 为 50dB,拥有 10dB 的裕度,则相位噪声要求为

$$\text{IPNL}(\text{dBc}) \leqslant -50\text{dBc} - 10\text{dBc} = -60\text{dBc}$$

这个电平进而定义了允许的相位噪声谱或频率响应(以 dBc 为单位)与载波的远近关系。这一允许的频谱特性被分配给所有有贡献的部件,并在这些部件(如激励器、接收器、天线)的需求文档中进行了规定。

11.2.5 干扰消除驱动的需求

11.2.5.1 幅度和相位误差

这些误差将限制准确估计和消除干扰的能力,包括有意干扰(例如人为干扰)和无意干扰(同址或雷达之间,或无线电干扰源)。在某些情况下,这些误差还会限制某些目标分类特征的性能。

幅度误差电平与最大干扰电平之间的关系为

$$\text{幅度误差}(\text{dB}) = 20\lg\left[\left(1+\frac{\delta}{2}\right)\bigg/\left(1-\frac{\delta}{2}\right)\right] \quad (11.19)$$

或者,相当于

$$\text{幅度误差}(\text{dB}) = \left(\frac{20}{\ln 10}\right)\ln\left[\left(1+\frac{\delta}{2}\right)\bigg/\left(1-\frac{\delta}{2}\right)\right] \quad (11.20)$$

对于较小的幅度误差,误差方差的关系近似为

$$V_\varepsilon = E\{\varepsilon^2\} = [\text{幅度误差}(\text{dB})/30]^2 \quad (11.21)$$

例如,对于一个期望 40dB 的消除比(CR),$V_\varepsilon = 0.0001$,因此,滤波器频带的峰-峰值变化必须小于 0.3dB。表 11.2 提供了正弦幅度纹波的可实现的消除与幅度误差,假设接收机信道到信道完美匹配(即精准对齐)。

表 11.2 峰值正弦幅度误差和可实现误差消除比

峰值正弦幅度误差/dB	可实现误差消除比/dB
0.02	52.7
0.05	44.8
0.1	38.7
0.2	32.7
0.3	29.1

所允许的相位误差可以用近似关系与消除比联系起来:

$$\text{角度误差} = \left(\frac{180}{\pi}\right)10^{\frac{\text{Error(dB)}}{20}} \qquad (11.22)$$

11.2.5.2 通道到通道对齐

可实现干扰消除的第二个限制因素是特定抵消方法（如 SLC、MSLC 或自适应阵列）所使用的接收机通道的对齐和校准，如第 8 章所述。通道间的对准误差与干扰抵消之间的近似关系由下式给出：

$$\text{CR} = \left(\frac{4}{3}\right)(\varepsilon_p - 1)^2 \qquad (11.23)$$

式中：ε_p 是峰值传递函数误差。表 11.3 说明了可用的消除与通道匹配，这里假设没有如 11.2.6.1 节所述的幅度和相位误差，残余峰值失配误差的情况。

表 11.3 消除比与峰值振幅失配误差

峰值正弦幅度误差/dB	可实现误差消除比/dB
0.02	51.7
0.05	43.5
0.1	37.5
0.2	31.4
0.3	27.8
0.4	25.3
0.5	23.3

11.2.6 处理吞吐量

处理吞吐量的需求是由雷达数据处理器必须容纳的数据复杂度和数量驱动的。这里同时考虑了信号处理和数据处理算法。因此，所需的计算机吞吐量是几个参数的函数，包括：

（1）正在执行的雷达功能；
（2）使用的波形；
（3）采用的匹配滤波；
（4）单位时间的检测次数；
（5）跟踪对象数量和更新率；
（6）干扰消除算法的类型。

这些内容在 11.3 节中有更详细的介绍。

11.3 雷达处理软件需求

11.3.1 概述

主要的雷达处理软件包括以下 4 类。
(1) 任务软件。
(2) 信号处理软件。
(3) 诊断和测试软件。
(4) 仿真软件。
以下各节将简要介绍这些内容。

11.3.1.1 任务软件

在很大程度上,任务软件所需的计算机吞吐量取决于要调度的波形的数量和速率、调度算法的复杂性、搜索处理的复杂性、同时跟踪的数量、数据关联和跟踪算法的复杂性,以及特定任务所需的任何目标分类和识别算法的复杂性。

11.3.1.2 信号处理软件

以类似的方式,信号处理所需的处理吞吐量需求由以下因素来驱动,包括由单位时间的检测次数、采用的数字匹配滤波类型(每次接收时)、恒虚警率(CFAR)处理(每个距离单元)、多普勒处理(每个多普勒滤波器)、MTI 处理(每个距离单元)、检测处理(每个距离单元)以及如峰值检测(每个距离单元)、插值(每个检测)和单脉冲处理(每个跟踪检测)这样的检测后处理等。

11.3.1.3 诊断和测试软件

诊断和测试软件有以下几种类型的功能。
(1) 定期健康评估(如距离副瓣的波形测试)。
(2) 轮询硬件驻留的内置测试(BIT)结果和状态。
(3) 雷达硬件的人工操作。
(4) 实时标校和对准(如先导脉冲测量和补偿/校正处理)。
这些大部分是在后台运行的,并以较低的速率获得雷达资源间隔来进行导频脉冲注入、波形测试等。这种处理在所需的计算机吞吐量方面往往相当低。

11.3.1.4 仿真软件

该功能通常用于任务软件的初始集成和测试,以及检查接口等。这里的驱动需求是由脚本场景控制的要执行的实时目标注入的数量。无论这种注入是以数字方式执行（即直接注入任务软件返回处理器）还是作为射频测试目标注入接收器前端，基本处理都由预定义场景中包含的并发目标的数量来驱动，这些目标再被转换为雷达回波数据的实时序列。

11.3.2 跟踪驱动的需求

11.3.2.1 跟踪文件容量

通常由以下两种情况之一来确定航迹文件的容量需求。
(1) 系统规范中的直接需求。
(2) 满足任务需求的衍生需求，包括典型或特定场景的分析。

在第一种情况下，不需要分配需求。第二种情况需要分析任务需求、预期目标密度和进入率、特定目标场景等，以得出可能的并发航迹数。此分析可作为建立航迹文件容量需求的基础。现实中，由于噪声、杂波或干扰而存在一些有限数量的错误航迹，以及一定数量的冗余航迹、惯性滑行航迹等，这就需要将上述分析得出的容量进行增加，使得有足够的容量来适应它们。

11.3.2.2 跟踪更新率

在固定波形带宽和天线波束宽度的雷达系统中，一旦建立了信噪比和跟踪时间，则航迹更新率由指定的跟踪精度要求来驱动。显然，被跟踪的目标类型也会影响跟踪精度。

式（11.24）是跟踪精度的近似关系：

$$\sigma_p^2 = \frac{R\theta_3}{2\mathrm{SNR}f_r T} \tag{11.24}$$

式中：R、θ_3、f_r 和 T 分别是目标斜距离、3dB 天线波束宽度、跟踪更新速率的数目和跟踪时间。求解跟踪更新率得到一个近似表达式：

$$f_r = \frac{R\theta_3}{2\mathrm{SNR}\sigma_p^2 T} \tag{11.25}$$

11.3.2.3 数据关联容量

数据关联算法的驱动需求是真实的目标密度和操作环境。环境将建立起与真实目标如剩余杂波回波、箔条、欺骗性干扰等一起出现的其他类似目标。目标类型和跟踪波形带宽将确定每个对象的射频散射体数量和对象（或散射体）的间距。基于这些目标特性和环境，可以指定对数据关联算法的类型和质量的需求。

可能的目标类型将取决于雷达的任务。例如，对于飞机、无人机、直升机、巡航导弹等空中目标，除了极少数情况外，都可以使用相对简单的数据关联算法。当杂波、箔条或在其他更紧张的环境中，通常需要更复杂的数据关联算法（如近邻联合概率数据关联（NNJPDA）、多假设跟踪器（MHT）、多维分配、Koch-MHT）。

11.3.3　目标分类驱动的需求

11.3.3.1　目标分类容量

目标分类的需求主要是由以下一些考虑因素驱动的。
（1）待分类目标的类别和/或类型。
（2）雷达工作频率和波形带宽。
（3）可用的目标特征。
（4）信噪比。
（5）正确分类和错误分类的所需概率。

对于给定的正确分类和错误分类概率，目标类和/或样式及其统计定义的差异是分类问题难度的主要驱动因素。雷达工作频率、波形带宽和信噪比与可用目标特征及其质量密切相关，影响满足正确分类和误分类概率的可行性和性能。

一般来说，对于类别之间存在较大统计分离的目标类，分类或识别问题更简单，可以使用不太复杂的分类器，如决策树或直接逻辑（如 if-then-else 结构，或简单的神经网络）。在导弹防御这样的应用中，目标类型可能表现出更小的统计分离，可能需要更复杂的方法，如贝叶斯分类器或 Dempster-Shafer 证据推理。

没有简单的分析方法可以来选择一个接近最优或合适的分类器和目标特征集合。粗略的分析方法，如使用简单高斯特征统计的 K 因子，可用于初始考虑、初步分类和特征选择。然而，需要对波形参数、目标特性、动态场景、特征提取模型等进行完整的蒙特卡罗仿真，最终才能得到合理可行的分类器需求。

11.3.3.2　目标特征提取容量

如 11.3.3.1 节所述，选择正确的分类器和目标特征集需要进行性能折中。在给定雷达系统工作频率和波形参数的情况下，目标特征集的选择将确定特征提取的需求。

11.3.4　信号处理驱动的需求

11.3.4.1　信号处理吞吐量

如 11.3.1.2 节所述，信号处理所需的处理吞吐量需求由以下因素来驱动，包括单位时间的检测次数、采用的数字匹配滤波类型（每次接收时）、恒虚警率（CFAR）处理（每个距离单元）、多普勒处理（每个多普勒滤波器）、MTI

处理（每个距离单元）、检测处理（每个距离单元）以及如峰值检测（每个距离单元）、插值（每个检测）和单脉冲处理（每个跟踪检测）这样的检测后处理等。

上述每一个函数都可以使用实现它们所需的计算次数和类型来表征。通过将其乘以相关的雷达接收动作的速率，并对所有主要信号处理功能求和，可以计算出所需吞吐量的估计值。

11.3.4.2 快速傅里叶变换规模

快速傅里叶变换（FFT）的规模需求由雷达执行其主要功能（如搜索、跟踪、目标分类和分辨等）所使用的匹配滤波器和多普勒处理、A/D 采样率和每个波形的距离窗口大小来驱动。给定函数的近似 FFT 规模由下式给出：

$$N_{FFT} = \text{modulo } 2 \left[\frac{2f_{sampling}RW}{c} \right] \quad (11.26)$$

式中：$f_{sampling}$、RW 和 c 分别是 A/D 采样率、给定函数波形的接收窗口和光速。modulo 函数的定义是求模（选取大于或等于其参数的 2 的幂）。例如，如果式（11.26）中的参数为 10525，则选择的 FFT 规模将为 16K，其中剩余的 16384−10525=5859 FFT 输入通常被设置为零（即称为零填充）。

11.3.4.3 CFAR 类型

选择合适的 CFAR 类型取决于雷达功能、目标类型、环境、波形分辨力和其他因素。

检测逻辑，包括 CFAR 处理器的使用，在下面的内容中定义。一般来说，使用的逻辑取决于雷达功能，即搜索、跟踪或宽带数据收集用于目标分类。通常，对于给定的功能，大多数雷达的检测处理都使用相同的 CFAR 逻辑和参数集。

1) 搜索

（1）弹道导弹搜索。在搜索中，目标通常位于距离雷达最远的斜距上。这使得雷达必须以低信噪比去探测 RCS 较小的目标。基于这个原因，在执行远程搜索时，将任何检测损失降到最低是很重要的。所以，用于搜索的基本原理是使用恒定噪声门限作为主要检测门限，使用 CFAR 生成的门限作为次要门限。这种方法本质上将检测损失最小化，因为只有在使用 CFAR 门限时才会产生损失。此外，当预期目标距离相对较小，使用线性 CFAR 比使用对数 CFAR 等非线性方法产生的损失更小，因此采用线性 CFAR 算法。当期望目标动态距离较小时，采用线性 CFAR 是一种合理的方法。

这里所采用的逻辑是选择较大的噪声或 biased−CFAR 门限。选择偏置以确保仅当噪声阈值过于乐观时才使用 CFAR 生成的值。该逻辑可以表示为

$$\text{门限 } T = \{\text{噪声门限或 } \beta \text{ 线性 CFAR 门限}\} \text{ 中的最大值} \quad (11.27)$$

其中示例 CFAR 的参数包含在表 11.4 中。

表 11.4　搜索逻辑参数

参数名	参数值
噪声门限	$-2\ln(P_{FA})$
噪声和 CFAR 的 P_{FA}	10^{-6}
β	0.9
CFAR 类型	线性
CFAR 窗选择	最大超前/滞后
CFAR 间隔	3 单元
截尾选择	可以

可以看出，为搜索指定了一个相对较小的虚警概率。如果确认和跟踪起始波形是响应虚警而进行调度，则可最大限度地减少雷达资源（即占空比和时间轴占用率）的浪费。噪声门限被设置为与期望的虚警概率相关联的理想热噪声值。选择最大值处理以减少噪声检测。通过指定了一个标称的 3 单元 CFAR 间隔，以减轻匹配滤波后主目标响应或第一时间-副瓣的多次检测。

（2）引导导弹搜索和卫星搜索。因为目标状态向量的可用性（引导导弹类型目标的交接截获和基于卫星轨道根数集合（OES）的预测），这些搜索类型更像是跟踪，仅使用有限的距离窗口和跟踪波形带宽。因此，可以采用线性 CFAR。这些参数本质上等同于下文所描述的"跟踪"的情况。

2）跟踪

弹道导弹跟踪：为了便于跟踪，仅使用 CFAR 生成的门限。如果预期目标 RCS 值的动态范围非常大，则可以使用对数 CFAR。由于瑞利噪声的对数与对数求和之间的关系，对 CFAR 计算的门限应用了 2.5dB 的偏差。对数 CFAR 跟踪的检测逻辑如下：

$$门限\ T=\alpha(对数\ CFAR\ 门限) \tag{11.28}$$

其中参数的示例如表 11.5 所列。

表 11.5　对数型 CFAR 的跟踪逻辑参数

参数名	参数值
α	$10^{(2.5/20)}$
CFAR 的	10^{-4}
CFAR 类 P_{FA} 型	对数
CFAR 窗选择	最大超前/滞后
CFAR 间隔	3 单元
截尾选择	可以

在首选线性 CFAR 的情况下，阈值为

$$\text{门限 } T = \text{线性 CFAR 门限} \tag{11.29}$$

其中示例值如表 11.6 所列。

表 11.6 线性 CFAR 的跟踪逻辑参数

参数名	参数值
CFAR 的 P_{FA}	10^{-4}
CFAR 类型	线性
CFAR 窗选择	最大超前/滞后
CFAR 间隔	3 单元
截尾选择	可以

从跟踪可以看出，指定的虚警概率比搜索时的概率要大。这是为了最大限度地提高小目标的可探测性。由于目标距离的不确定性，因此，跟踪的有效虚警率比使用大距离窗口的搜索要低得多。再次选择最大的处理以减少噪声检测。通过指定了一个标称的 3 单元 CFAR 间隔，以减轻匹配滤波后主目标响应或第一时间-副瓣的多次检测。

线性 CFAR 与对数 CFAR 的选择取决于目标的预期动态范围和杂波或干扰等环境回波。对于常见的高仰角跟踪，动态范围由导弹目标的相对于雷达的 RCS 所驱动。由于这个值通常比较小，所以应该选择线性 CFAR。然而，对于低仰角跟踪，较大的杂波回波可能与小目标竞争，则可以使用对数 CFAR。在低仰角或下视雷达应用中，如 11.2.2 节所述，地、海面杂波的后向散射程度驱动必要的动态范围。

3) 目标分类

对于用于目标分类的宽带数据采集，再次指定了较大的虚警概率。这是为了最大限度地提高小目标的可检测性。由于目标的距离不确定性非常小，因此，与使用较大距离窗口的搜索或跟踪相比，目标分类数据收集的有效虚警率要低得多。通过指定了一个标称的 3 单元 CFAR 间隔，以减轻匹配滤波后主目标响应或第一时间-副瓣的多次检测。

4) 选择 CFAR 类型的理由

选择 CFAR 类型作为频率函数的基础是：与给定的理想噪声门限相比，使用 CFAR 时产生的可检测性预期损失最小，表示为

$$T_{\text{noise}} = \sqrt{2\sigma_n^2 \ln P_{FA}} \tag{11.30}$$

式中：$2\sigma_n^2$ 和 P_{FA} 分别为前端热噪声总功率与虚警概率。由于使用有限数量的

噪声样本来计算平均背景噪声水平，所有 CFAR 都会导致可检测性损失，这称为 CFAR 损失。通常，噪声功率估计误差方差减小为 $1/N$，其中 N 是用于计算平均值的统计独立样本个数。因此，使用大的 CFAR 窗口可以减少 CFAR 损失，而诸如最小值、最大值和单元截尾等特性则会增加 CFAR 损失。此外，使用对数 CFAR 比线性 CFAR 造成更高的 CFAR 损失。表 11.7 说明了 32 个单元不同类型的 CFAR 的损失是如何变化的，虚警概率为 10^{-6}[8]。

表 11.7 P_{FA} 为 10^{-6} 的 32 单元 CFAR 的 CFAR 损失

CA-CFAR	0.97dB
GO-CFAR	1.13dB
OS-CFAR（75%次序排列）	1.45dB
GO-OS-CFAR（75%次序排列）	1.66dB
CA-CFAR，1 单元剔除	1.01dB
CA-CFAR，2 单元剔除	1.06dB

根据表中所列的结果，可以证明 11.3.4.3 节中所述 CFAR 类型的选择是合理的。由于在搜索活动中保持灵敏度是需要的，当需要检测远距离的小 RCS 目标时，选择噪声门限作为检测门限，因为它在理论上不会导致 CFAR 损失。在现实中，由于使用有限数量的噪声样本来估计背景噪声功率，因此存在信噪比损失，通常采用大量样本进行计算（如在 1000 或更高的数量级上），这个损失通常是微不足道的。

如表 11.7 所列，对于给定的 CFAR 窗口大小，单元平均（CA）和具有 1 个或 2 个单元剔除类型的 CA 损失最小，32 单元处理的损失为 0.97~1.06dB。在敏感度不太重要的情况下，这些损失对于弹道导弹的跟踪和分类是可以接受的。对于助推阶段的目标跟踪和目标分类，超前或滞后 CFAR（与最大 CFAR (GO-CFAR) 类型相同）只产生稍大的损失（32 单元窗口情况下为 1.13dB）。

11.3.4.4 后检测处理容量

后检测处理的功能通常包括：
(1) 峰值检测；
(2) 距离和幅度插值；
(3) 单脉冲处理。

这在很大程度上独立于雷达应用，除了可能需要的插值精度来限制信号处理损失。在大多数雷达应用中使用简单的二次插值。这通常在报告的距离和幅度值的大约 10∶1 范围内实现增强。但是，这确实需要来自相邻距离单元的数据，因此，需要在高于最小 Nyquist 速率值 20%~25% 的范围内的过采样因子。

11.4 参 考 文 献

[1] J. V. Candy, *Signal Processing—The Modern Approach*, McGraw-Hill,
[2] S. Haykin & A. Steinhardt, *Adaptive Radar Detection and Estimation*, Wiley, 1992
[3] S. Haykin, *Adaptive Radar Signal Processing*, Wiley-Interscience, 2006
[4] S. Kay, *Modern Spectral Estimation: Theory and Application*, Prentice-Hall, 1999
[5] D. Manolakis, *Statistical and Adaptive Signal Processing*, Artech House, 2005
[6] S. L. Marple, *Digital Spectral Analysis with Applications*, Prentice-Hall, 1987
[7] R. A. Monzingo & T. M. Miller, *Introduction to Adaptive Arrays*, SciTech, 2003
[8] R. Nitzberg, *Radar Signal Processing and Adaptive Systems*, 2nd Edition, Artech House, 1999
[9] A. Oppenheim & R. Shafer, *Digital Signal Processing*, Prentice-Hall, 1975
[10] A. Papoulis, *Probability, Random Variables, and Stochastic Processes*, McGraw-Hill, 1965
[11] A. Papoulis, *Signal Analysis*, McGraw-Hill, 1977
[12] H. Van Trees, *Detection, Estimation and Modulation Theory, Part 1*, Wiley-Interscience, 2001
[13] Y. Bar-Shalom, *Multitarget–Multisensor Tracking: Principles and Techniques*, YBS, 1995
[14] Y. Bar-Shalom, *Multitarget/Multisensor Tracking: Applications and Advances*, Artech House, 2000
[15] S. Blackman & R. Popoli, *Design and Analysis of Modern Tracking Systems*, Artech House, 1999
[16] R. Duda, et al., *Pattern Classification*, 2nd Edition, Wiley-Interscience, 2000
[17] K. Fukunaga, *Introduction to Statistical Pattern Recognition*, 2nd Edition, Academic Press, 1990
[18] S. Theodoridis & K. Koutroumbas, *Pattern Recognition*, 2nd Edition, Academic Press, 2003

第 12 章　导弹防御雷达设计考虑

12.1　引　言

本章讨论了导弹防御雷达设计的一些关键方面。涵盖的主题包括以下几方面。

(1) 导弹防御任务参数和需求。
(2) 弹道导弹威胁类型：导弹系统。
(3) 拦截能力。
① 最高速度。
② 覆盖范围。
③ 机动能力。
④ 拦截支持需求。
(4) 期望防御区。
(5) 雷达需求。
① 搜索需求。
② 跟踪需求。
③ 目标特征。
④ 分类需求。
⑤ 波形需求。
(6) 性能评估和设计验证。

弹道导弹防御（BMD）雷达是火控雷达，其探测目标是弹道导弹，如战术弹道导弹（TBM）、中程弹道导弹（IRBM）或洲际弹道导弹（ICBM），防御武器是拦截弹。图 12.1 展示了舰载 BMD 雷达的作战概念（CONOPS）或任务流程，也称为 DoDAF OV-1 视图。

BMD 雷达通常执行搜索、截获、跟踪、目标分类和识别以及拦截支持功能。由于弹道导弹目标的特殊特性，这些功能中的每一项都专门针对此类威胁。

第 12 章　导弹防御雷达设计考虑

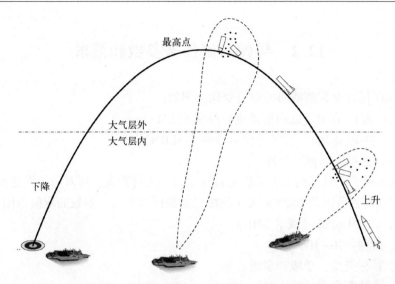

图 12.1　舰载 BMD 雷达（OV-1）的任务

例如，大多数 BMD 雷达受到其他传感器（如从另一个雷达或电光传感器的交接）的引导之外，还执行自主的地平搜索栅栏初步检测和截获导弹目标。地平搜索栅栏是一种节省资源的有效搜索形式，专门用于截获弹道导弹。由于它避免执行大规模的强力体积搜索，因此，雷达的尺寸与防空火控雷达（AAW）或防空（AD）雷达相比更为适中，后者必须考虑大范围空间内不同距离和高度上的威胁。假设 BMD 雷达的尺寸大小适合它必须对付的威胁，则没有导弹可以飞越地平栅栏而不被截获。如第 1 章所示，对于地平栅栏搜索，有一种特殊形式的雷达距离方程式，它常在较低的工作频率时使用。

弹道导弹的跟踪与其他类型的目标不同，远程导弹具有 3 个不同的飞行阶段。

（1）上升或助推阶段（火箭助推器在地球大气层内加速）。

（2）中段或弹道阶段。

（3）下降段或再入段（导弹物体重新进入地球大气层并受到阻力减速）。

因此，根据特定 BMD 系统的工作特点，跟踪滤波器必须适应一种或多种导弹飞行状态。

在上述飞行阶段，弹道导弹的目标分类和识别使用不同的方法，这取决于物体是否由于动力驱动（在助推阶段）、弹道驱动还是由于大气阻力而减速。

最后，在拦截器支持中，雷达必须为拦截导弹提供确认或发射数据以及制导数据。

12.2 导弹防御任务参数和需求

BMD 任务参数随威胁类型而变化,例如:
(1) 近程 TBM(或潜射弹道导弹或 SLBM);
(2) 中程 IRBM(或潜射弹道导弹或 SLBM);
(3) 远程洲际弹道导弹。

这 3 种类型目标的关键属性是目标动力和飞行距离,所对应的雷达探测距离和搜索覆盖范围使 BMD 系统的战场或防御区最大化,参数的取值范围如下。

(1) TBM 防御(战术 BMD)。
① 射程:50~1000km。
② 目标类型:单级和多级。
③ 威胁距离和速度:200~1000km;1500~2500m/s。

(2) IRBM 防御。
① 射程:800~3000km。
② 目标类型:多级。
③ 威胁距离和速度:1500~4000km;2000~6000m/s。

(3) ICBM 防御(战略 BMD)。
① 射程:1500~5000km。
② 目标类型:多级。
③ 威胁距离和速度:4000~12000km;6000~9000m/s。

BMD 雷达必须在上述环境中、在不同的斜距上工作,并且要对抗平均雷达横截面(RCS)上变化的导弹目标。这些广泛变化的条件强烈影响雷达要求。

12.3 拦截能力和支持需求

BMD 拦截武器基本上分为以下 3 类。
(1) 近程:大气层内。
(2) 中程:大气层内或大气层外。
(3) 远程:大气层外。
这 3 个类别的典型武器如下。
(1) 近程:"爱国者" PAC-2 和 PAC-3、标准 6(SM-6)。

(2) 中程：THAAD。
(3) 远程：EKV。

12.4 防御区

通常，远程 BMD 系统具有射程远，拦截速度更快的特点，因此可提供最大的作战空间或防御区域（或禁区）。通过在时间轴上较早地消除威胁，可以通过增强禁区或无威胁区域来提供更大的防御"覆盖"。防御区域的大小由雷达或拦截器决定，或由两者共同决定，这取决于系统设计平衡。最佳情况下，雷达的尺寸应与拦截器相辅相成。

12.5 BMD 雷达需求

BMD 雷达需求可以概括为以下功能领域。
（1）工作频率：C 波段到 X 波段。
（2）天线类型。
① 电扫阵列。
② 宽带时延相控阵。
③ 可能的机扫加电扫。
（3）搜索类型。
① 自主地平线栅栏搜索。
② 引导搜索（由其他地、海面、空中和天基传感器提供引导信息）。
（4）跟踪能力。
① 跟踪助推段、弹道段和减速目标。
② 跟踪数据率：可变。
③ 精确性：足以支持目标分类算法。
④ 机动跟踪能力。
（5）目标特征。
① 签名。
② 运动学。
（6）分类算法类型。
① 贝叶斯。
② Dempster-Shafer。
③ 决策树。

(7) 波形特征。

① 单脉冲和多脉冲（相干积分）。

② 搜索：窄带宽（500kHz~2MHz）。

③ 跟踪：中等带宽。

④ 目标分类：窄带宽和宽带宽。

表 12.1 提供了战术和战略 BMD 参数的示例。

表 12.1　BMD 雷达特性

雷达参数	战术雷达	战略雷达
工作频率	X 波段	X 波段
天线类型	电扫阵列（ESA）	电扫阵列（ESA）
搜索类型	自主地平线栅栏搜索	自主地平线栅栏搜索
跟踪	可变跟踪数据率	可变跟踪数据率
目标特征	运动学、签名	运动学、签名
分类算法	贝叶斯	贝叶斯
波形特征	窄带 & 宽带 LFM	窄带 & 宽带 LFM

12.6　性能评估和设计验证

BMD 雷达性能的评估可以在不同精准度级别上进行。

(1) 粗略分析：雷达距离方程，K 因子分析。

(2) 计算机辅助分析。

① MATLAB 或类似工具。

② 静态和动态场景分析。

③ 封闭形式的目标波动模型（如 Swerling、对数-正态）。

④ 拦截弹飞出曲线或等效曲线。

⑤ 单次运行和蒙特卡罗分析。

(3) 高保真模拟。

① 详细的动态场景。

② 精确的目标散射模型和动力学模型。

③ 波形和信号处理级仿真。

④ 跟踪滤波器和数据关联算法。

⑤ 详细的特征建模和分类算法。

⑥ 拦截弹动力学和飞出模型：

加速度和燃烧速度；

机动能力；

导引头模型。

（4）实时仿真。

① 数字和/或硬件半实物仿真。

② 实际的实时任务软件。

③ 蒙特卡罗试验。

④ 高保真目标仿真：

射频散射模型；

数据记录和压缩工具。

这些性能评估在开发、集成和测试的多个阶段中支持雷达系统的分析和设计工作。

（1）雷达体系结构研究。

（2）雷达系统设计折中。

（3）子系统需求分配。

① 硬件。

② 软件。

③ 接口。

（4）生成用于硬件和软件设计支持的测试向量。

（5）测试计划和程序开发。

12.7　参　考　文　献

[1] J. V. Candy, *Signal Processing—The Modern Approach*, McGraw-Hill
[2] S. Haykin & A. Steinhardt, *Adaptive Radar Detection and Estimation*, Wiley, 1992
[3] S. Haykin, *Adaptive Radar Signal Processing*, Wiley-Interscience, 2006
[4] S. Kay, *Modern Spectral Estimation: Theory and Application*, Prentice-Hall, 1999
[5] D. Manolakis, *Statistical and Adaptive Signal Processing*, Artech House, 2005
[6] S. L. Marple, *Digital Spectral Analysis with Applications*, Prentice-Hall, 1987
[7] R. A. Monzingo & T. M. Miller, *Introduction to Adaptive Arrays*, SciTech, 2003
[8] R. Nitzberg, *Radar Signal Processing and Adaptive Systems*, 2nd Edition, Artech House, 1999
[9] A. Oppenheim & R. Shafer, *Digital Signal Processing*, Prentice-Hall, 1975
[10] A. Papoulis, *Probability, Random Variables, and Stochastic Processes*, McGraw-Hill, 1965
[11] A. Papoulis, *Signal Analysis*, McGraw-Hill, 1977

[12] H. Van Trees, *Detection, Estimation and Modulation Theory, Part 1*, Wiley-Interscience, 2001
[13] Y. Bar-Shalom, *Multitarget-Multisensor Tracking: Principles and Techniques*, YBS, 1995
[14] Y. Bar-Shalom, *Multitarget/Multisensor Tracking: Applications and Advances*, Artech House, 2000
[15] S. Blackman & R. Popoli, *Design and Analysis of Modern Tracking Systems*, Artech House, 1999
[16] R. Duda, et al, *Pattern Classification*, 2nd Edition, Wiley-Interscience, 2000
[17] K. Fukunaga, *Introduction to Statistical Pattern Recognition*, 2nd Edition, Academic Press, 1990
[18] S. Theodoridis & K. Koutroumbas, *Pattern Recognition*, 2nd Edition, Academic Press, 2003

第13章 早期预警雷达设计考虑

13.1 引　　言

本章涉及早期预警雷达设计的一些方面。涵盖的主题包括以下几方面。
(1) 早期预警任务参数和需求。
(2) 目标/威胁类型。
① 导弹系统。
② 气动目标。
(3) 所需的监视和相关功能。
① 搜索需求：
导弹目标覆盖范围；
气动目标覆盖范围。
② 跟踪需求。
③ 目标分类和识别。
④ 波形需求。
(4) 性能评估和设计验证。

导弹早期预警雷达（EWR）是监视雷达，用于检测、跟踪和评估弹道导弹目标，包括战术弹道导弹（TBM）、中程弹道导弹（IRBM）或洲际弹道导弹（ICBM）。图13.1说明了EWR的基本任务。步骤A～E是导弹EWR的典型功能。

EWR通常执行搜索、获取、跟踪、威胁警告和攻击评估功能。这些功能专门针对作为主要威胁类型的弹道导弹目标。

例如，许多EWR执行自主的地平搜索栅栏以初始检测和截获导弹。如第12章所述，地平搜索栅栏是一种节省资源的有效搜索形式，专门用于截获弹道导弹。由于它避免执行大规模的强力体积搜索，因此，EWR的尺寸与防空火控雷达（AAW）或防空（AD）雷达相比更为适中，后者必须考虑大范围空间内不同距离和高度上的威胁。EWR的大小与防空火控雷达或防空雷达相比，大小适中。后者必须考虑在不同距离和高度上的目标可能存在的空间。假定雷达的大小合适，则没有导弹可以飞越搜索屏而不被发现。同样，如第 1 章所示，对于地平栅栏搜索，有一种特殊形式的雷达距离方程式，它微弱地倾向于较低工作频率的使用。

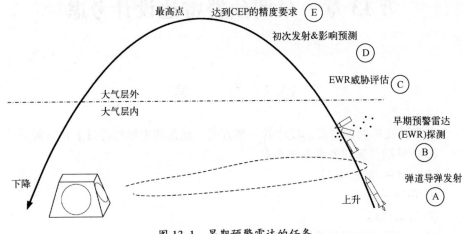

图 13.1 早期预警雷达的任务

弹道导弹的跟踪与其他类型的目标不同，远程导弹具有 3 个不同的飞行阶段。

（1）上升或助推阶段（火箭助推器在地球大气层内加速）。

（2）中段或弹道阶段。

（3）下降段或再入段（导弹物体重新进入地球大气层并受到阻力减速）。

对于大多数远程 EWR 应用场景，在导弹进入自由弹道段后（由于雷达视距），将进行地平栅栏检测。一些近程应用场景可以在助推阶段观测导弹。因此，跟踪滤波器必须适应一种或多种导弹飞行状态，具体取决于特定的 EWR 系统的作用。

在上述飞行阶段，弹道导弹的目标分类和识别可以使用不同的方法。需要根据飞行阶段对单个和多个目标进行分类。

威胁评估和攻击警告功能使用跟踪数据与简单的运动学及特征来区分导弹目标和空中目标或卫星。贝叶斯的技术可以用于此目的。

13.2 早期预警任务参数和需求

早期预警（EW）任务参数随威胁类型而异，例如：

（1）近程 TBM（或潜射弹道导弹或 SLBM）；

（2）中程 IRBM（或潜射弹道导弹或 SLBM）；

（3）远程 ICBM。

这 3 种类型目标的关键属性是目标动力和飞行范围，所需的雷达探测距离和搜索覆盖范围，使 EW 系统的威胁评估和攻击预警区域最大化。参数的取值范围如下。

（1）TBM EW（战术 EW）。

① 距离：50~1000km。

② 目标类型：单级和多级。

③ 威胁距离和速度：200~1000km；1500~2500m/s。

（2）IRBM EW。

① 距离：800~3000km。

② 目标类型：多级。

③ 威胁距离和速度：1500~4000km；2000~6000m/s。

（3）ICBM 防御（战略 EW）。

① 距离：1500~5000km。

② 目标类型：多级。

③ 威胁距离和速度：4000~12000km；6000~9000m/s。

EWR 必须在上述环境中、在不同的斜距上工作，并能应对平均雷达横截面（RCS）不断变化的导弹物体。同 BMD 雷达一样，这些广泛变化的条件强烈影响 EWR 需求。

13.3　威胁警告和打击评估

通常，远程 EW 系统提供最大的威胁警告和攻击评估区域。就不同 EW 系统的"资产"而言，近程系统提供的覆盖范围相对较小，如针对本地人员和设备，战术 EW 可以对整个城市或更大的区域进行预警，而战略 EW 系统可以为整个国家提供预警。

13.4　EWR 需求

典型的 EWR 雷达需求可以概括为以下功能领域。

（1）典型工作频率：UHF~L 波段。

（2）天线类型。

① 全视场（FFOV）。

② 窄带相控阵。

(3) 搜索类型。

① 自主地平线栅栏搜索。

② 卫星截获引导搜索。

(4) 跟踪能力。

① 助推段目标、自由弹道目标和减速目标。

② 跟踪数据率：可变。

③ 精确性：足以满足预警需求。

④ 可以跟踪空中和地海面目标。

(5) 导弹目标、气动目标和卫星目标特征。

① 签名。

② 运动学。

(6) 分类算法类型：贝叶斯或决策树。

(7) 波形特性。

① 单脉冲和多脉冲（相干积累）。

② 搜索：窄带宽（500kHz～2MHz）。

③ 跟踪和分类：中等带宽。

表 13.1 提供了战术和战略 EWR 参数的示例。

表 13.1 EWR 特性

雷达参数	战术雷达	战略雷达
工作频率	UHF、L 波段	UHF、L 波段
天线类型	FFOV	FFOV
搜索类型	自主地平线栅栏	自主地平线栅栏
跟踪	可变跟踪数据率	可变跟踪数据率
目标特征	运动学、签名	运动学、签名
分类算法	贝叶斯或决策树	贝叶斯或决策树
波形特征	窄带 LFM	窄带 LFM

13.5 性能评估和设计验证

EW 雷达性能的评估可以在不同精准度级别上进行。

(1) 粗略分析：雷达距离方程，Sorensen 型跟踪分析。

(2) 计算机辅助分析。
① MATLAB 或类似工具。
② 静态和动态场景分析。
③ 封闭形式的目标波动模型（如 Swerling、对数-正态）。
④ 单次运行和蒙特卡罗分析。
(3) 高保真模拟。
① 详细的动态场景。
② 波形和信号处理级仿真。
③ 跟踪滤波器，威胁评估和攻击预警算法。
(4) 实时模拟。
① 数字和/或硬件半实物仿真。
② 实际的实时任务软件。
③ 蒙特卡罗试验。
④ 高保真目标仿真：
射频散射模型；
数据记录和压缩工具。
这些性能评估在雷达系统的开发、集成和测试等多个阶段中支持分析和设计。
(1) 雷达体系结构研究。
(2) 雷达系统设计折中。
(3) 子系统需求分配。
① 硬件。
② 软件。
③ 接口。
(4) 生成用于硬件和软件设计支持的测试向量。
(5) 测试计划和程序开发。

13.6 参 考 文 献

[1] J. V. Candy, *Signal Processing—The Modern Approach*, McGraw-Hill,
[2] S. Haykin & A. Steinhardt, *Adaptive Radar Detection and Estimation*, Wiley, 1992
[3] S. Haykin, *Adaptive Radar Signal Processing*, Wiley-Interscience, 2006
[4] S. Kay, *Modern Spectral Estimation: Theory and Application*, Prentice-Hall, 1999
[5] D. Manolakis, *Statistical and Adaptive Signal Processing*, Artech House, 2005
[6] S. L. Marple, *Digital Spectral Analysis with Applications*, Prentice-Hall, 1987

[7] R. A. Monzingo & T. M. Miller, *Introduction to Adaptive Arrays*, SciTech, 2003
[8] R. Nitzberg, *Radar Signal Processing and Adaptive Systems*, 2nd Edition, Artech House, 1999
[9] A. Oppenheim & R. Shafer, *Digital Signal Processing*, Prentice-Hall, 1975
[10] A. Papoulis, *Probability, Random Variables, and Stochastic Processes*, McGraw-Hill, 1965
[11] A. Papoulis, *Signal Analysis*, McGraw-Hill, 1977
[12] H. Van Trees, *Detection, Estimation and Modulation Theory, Part 1*, Wiley-Interscience, 2001
[13] Y. Bar-Shalom, *Multitarget-Multisensor Tracking: Principles and Techniques*, YBS, 1995
[14] Y. Bar-Shalom, *Multitarget/Multisensor Tracking: Applications and Advances*, Artech House, 2000
[15] S. Blackman & R. Popoli, *Design and Analysis of Modern Tracking Systems*, Artech House, 1999
[16] R. Duda, et al., *Pattern Classification*, 2nd Edition, Wiley-Interscience, 2000
[17] K. Fukunaga, *Introduction to Statistical Pattern Recognition*, 2nd Edition, Academic Press, 1990
[18] S. Theodoridis & K. Koutroumbas, *Pattern Recognition*, 2nd Edition, Academic Press, 2003

第14章 防空预警雷达设计考虑

14.1 引　　言

本章讨论防空雷达设计的一些关键方面。涵盖的主题包括以下几方面。
(1) 防空任务参数和需求。
(2) 空中目标/威胁类型。
① 飞机，无人飞行器（UAV），巡航导弹。
② 噪声和干扰。
(3) 拦截能力。
① 最大速度。
② 射程。
③ 拦截弹支持需求。
(4) 所需的防御区。
① 搜索需求。
② 跟踪需求。
③ 目标特征。
④ 分类需求。
⑤ 波形需求。
(5) 性能评估和设计验证。

防空（AD）雷达是火控雷达，其探测目标是气动目标，包括飞机、直升机、无人机和巡航导弹。图14.1说明了AD雷达的工作。

AD雷达通常执行搜索、获取、跟踪、目标分类和识别以及拦截支持功能。由于空中目标的特点千差万别，每一种功能都必须适应各种各样的威胁。舰载AD系统通常称为防空作战（AAW）系统。

例如，大多数AD雷达执行某种形式的立体搜索以初步检测和截获目标。此外，它们可以被其他传感器引导（如从另一个雷达的交接）。假设AD雷达的大小适合其必须应对的威胁，则将在立体搜索中检测到所有目标。如第1章所示，用于立体搜索的雷达距离方程有一种特殊形式，它与雷达工作频率无关。

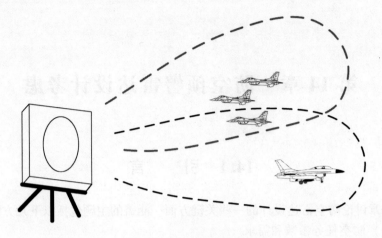

图 14.1　防空雷达的任务

气动目标的跟踪与其他类型的目标不同，因为这些目标可以表现出许多不同的飞行状态。

（1）从"甲板上"的高度或 15m～80000ft 的高度。

（2）有人驾驶或无人驾驶（如低空和非常高重力的动作，并且不可预测）。

（3）匀速直线水平运动。

（4）匀加速直线水平运动。

（5）高重力动作（转弯，爬升，俯冲）。

（6）接近静止或悬停。

（7）超低空飞行，地形跟随飞行。

（8）可使用螺旋桨、喷气式飞机和火箭。

因此，根据特定 AD 系统的作用，跟踪滤波器必须在许多或所有这些飞行状态和目标动态上进行工作。在必须适应多种类型的目标和相关动态的情况下，多模型跟踪滤波器（如交互多模滤波器）可以是合适的。对于速度较慢的空中目标或地海面目标（为完整起见，此处包括在内），通常可以使用边扫描边跟踪（TWS）方法。

在以上飞行状态中，空中目标分类和威胁分级称为"非合作目标识别"（NCTR）。除了 NCTR，某些系统还尝试执行识别（ID）。

最后，在拦截支持期间，雷达必须根据 AD 系统采用的拦截武器类型，向拦截器导弹提供用于确认或发射的信息，制导数据或目标指示信息。

14.2 防空任务参数和需求

AD 任务参数随威胁的类型而变化，例如：
(1) 常规飞机；
(2) 巡航导弹（CM）或反辐射导弹（ARM）攻击；
(3) 慢动目标，如直升机或无人机。

这些目标的关键属性是目标动态和飞行范围，对应的所需的雷达探测范围和使 AD 系统的防御区域最大化所需的搜索范围大致如下。

(1) 战术防空。
① 距离：10~200km。
② 目标类型：飞机、巡航导弹、直升机、无人机。
③ 威胁范围和速度：10~200km；50~2000m/s。

(2) 战略防空。
① 距离：50~500km。
② 目标类型：飞机、巡航导弹、直升机、无人机。
③ 威胁范围和速度：50~500km；50~2000m/s。

AD 雷达必须在上述环境中、在不同的斜距上工作，并能应对平均雷达横截面（RCS）不断变化的气动目标。这些广泛变化的条件强烈影响雷达的需求。

14.3 拦截武器的能力和支持需求

拦截器基本上分为以下 3 类。
(1) 近程火炮和导弹。
(2) 中程导弹。
(3) 远程导弹。
其能力范围如下。
(1) 近程火炮和导弹。
① 速度：马赫数为 3。
② 射程：5~10km。
(2) 中程导弹。
① 速度：马赫数为 3.5。
② 射程：50km 以上。

(3) 远程导弹。
① 速度：马赫数为 4 以上。
② 射程：75km 以上。

14.4 防御区

通常，远程 AD 系统会提供最大的战斗空间或防御区域（或禁区），由于它们的射程更长、拦截速度更快，在时间线上更早地消除威胁，可以通过增强禁区或无威胁区域来提供更大的防御"覆盖"。就不同 AD 系统所防御的"资产"类型而言，火炮等短程系统提供相对较小的覆盖范围（如针对本地人员、设备或船只），而导弹可以防御中程飞机和巡航导弹，远程系统可以防御更大的区域，如舰队或小城市，抵御空中甚至一些导弹的威胁。防御区域大小由雷达、拦截器或两者共同驱动，取决于所达到的设计平衡。

14.5 防空雷达的需求

AD 雷达的需求可以归纳为以下功能领域。
(1) 典型工作频率：S 波段~C 波段。
(2) 天线类型。
① 全视场（FFOV）。
② 窄带相控阵。
(3) 搜索类型。
① 立体搜索。
② 自主地平线栅栏搜索。
③ 引导搜索（来自其他地面或机载传感器的引导交接）。
(4) 跟踪能力。
① 跟踪有人机和无人机。
② 跟踪率：中，低（直线水平）。
③ 准确性：足以满足武器需求。
④ 机动跟踪能力。
(5) 波形特征。
① 单脉冲和多脉冲（相干积累）。
② 脉冲多普勒。
③ 搜索：窄带宽。

④ 跟踪：中等带宽。

表 14.1 提供了典型的 AD 参数。

表 14.1　AD 雷达特性

雷达参数	雷达需求
工作频率	S 波段、C 波段
天线类型	FFOV
搜索类型	立体、自主地平线栅栏
跟踪能力	跟踪数据率：可变
波形特征	LFM：多带宽

14.6　性能评估和设计验证

AD 雷达性能评估可以在不同精准度级别上进行。

(1) 粗略分析：雷达距离方程，Sorensen 型跟踪分析。

(2) 计算机辅助分析。

① MATLAB 或类似工具。

② 静态和动态场景。

③ 封闭形式的目标波动模型（如 Swerling、对数-正态）。

④ 拦截弹飞出模型或等效曲线。

⑤ 单次运行和蒙特卡罗分析。

(3) 高保真模拟。

① 详细的动态场景。

② 精确的目标散射模型和动力学模型。

③ 波形和信号处理仿真。

④ 跟踪滤波器和数据关联算法。

⑤ 详细的特征建模和分类算法。

⑥ 拦截弹动力学和飞出模型：

加速度和燃烧速度；

导引头模型。

(4) 实时仿真。

① 数字和/或硬件半实物仿真。

② 实际的实时任务软件。

③ 蒙特卡罗试验。

④ 高保真目标仿真：

射频散射模型；

数据记录和压缩工具。

这些性能评估在雷达系统的开发、集成和测试等多个阶段中支持分析与设计。

（1）雷达架构折中研究。

（2）雷达系统设计折中。

（3）子系统需求分配。

① 硬件。

② 软件。

③ 接口。

（4）生成用于硬件和软件设计支持的测试向量。

（5）测试计划和程序开发。

14.7 参 考 文 献

[1] J. V. Candy, *Signal Processing—The Modern Approach*, McGraw-Hill, 1989
[2] S. Haykin & A. Steinhardt, *Adaptive Radar Detection and Estimation*, Wiley, 1992
[3] S. Haykin, *Adaptive Radar Signal Processing*, Wiley-Interscience, 2006
[4] S. Kay, *Modern Spectral Estimation: Theory and Application*, Prentice-Hall, 1999
[5] D. Manolakis, *Statistical and Adaptive Signal Processing*, Artech House, 2005
[6] S. L. Marple, *Digital Spectral Analysis with Applications*, Prentice-Hall, 1987
[7] R. A. Monzingo & T. M. Miller, *Introduction to Adaptive Arrays*, SciTech, 2003
[8] R. Nitzberg, *Radar Signal Processing and Adaptive Systems*, 2nd Edition, Artech House, 1999
[9] A. Oppenheim & R. Shafer, *Digital Signal Processing*, Prentice-Hall, 1975
[10] A. Papoulis, *Probability, Random Variables, and Stochastic Processes*, McGraw-Hill, 1965
[11] A. Papoulis, *Signal Analysis*, McGraw-Hill, 1977
[12] H. Van Trees, *Detection, Estimation and Modulation Theory, Part 1*, Wiley-Interscience, 2001
[13] Y. Bar-Shalom, *Multitarget-Multisensor Tracking: Principles and Techniques*, YBS, 1995
[14] Y. Bar-Shalom, *Multitarget/Multisensor Tracking: Applications and Advances*, Artech House, 2000
[15] S. Blackman & R. Popoli, *Design and Analysis of Modern Tracking Systems*, Artech House, 1999
[16] R. Duda, et al., *Pattern Classification*, 2nd Edition, Wiley-Interscience, 2000
[17] K. Fukunaga, *Introduction to Statistical Pattern Recognition*, 2nd Edition, Academic Press, 1990
[18] S. Theodoridis & K. Koutroumbas, *Pattern Recognition*, 2nd Edition, Academic Press, 2003

第 15 章　相控阵雷达性能预测

15.1　引　言

本章讨论了相控阵雷达的性能评估。涵盖的主题包括以下几方面。
功能性能如下。
（1）目标检测。
① 干净环境。
② 杂波环境。
③ 干扰环境。
（2）跟踪。
① 弹道导弹目标。
② 气动目标。
（3）干扰抑制性能。
① 副瓣对消性能。
② 开环置零性能。
③ 自适应阵列性能。
④ 时域处理性能。
⑤ 时频域滤除性能。
（4）杂波消除性能。
① 陆地杂波。
② 海杂波。
③ 雨和气象杂波。
（5）硬件子系统。
① 距离副瓣。
② 通道间对齐。
③ 幅度和相位误差。
④ 相位噪声评估。
⑤ 工作宽带与子阵列规模。

这里讨论两种基本类型的性能评估。

(1) 功能性能,即指定雷达执行其功能(如搜索、跟踪)的性能如何。

(2) 任务级性能,即雷达执行的性能能否满足它的任务需求(如防空、导弹防御、早期预警)。

以下部分将介绍功能和任务级性能预测的具体内容。

15.2 功 能 性 能

15.2.1 目标检测

预测目标检测性能需要计算指定目标的检测概率(P_D)、距离、雷达截面(RCS)和定义虚警概率(P_{FA})的波形。实现的详细方法将随目标模型的特定类型、检测规则、波形参数和信噪比(SNR)而变化。该性能预测的理论基础在第2章中已经提供,如参考文献[12]。

考虑一个用于截获弹道导弹的±45°方位角的地平搜索栅栏,距离覆盖从500km 到1500km。导弹的 RCS 遵循 Swerling Ⅰ型起伏模型,显示平均 RCS 为 0dBsm,并且根据雷达的尺寸,信噪比为10dB、15dB 和20dB。如果搜索设计成能在栅栏内对弹道导弹独立观测4次,则可以计算出探测的累积概率。在窄带副瓣噪声干扰中的一种有效方法是使用跳频来避免干扰。假设跳频在频率上足够多样,使目标每一次回波数据相互独立,这时应该用 Swerling Ⅱ型替换 Swerling Ⅰ型。表15.1显示了两型起伏模型的性能评估结果。

表15.1 在地平线栅栏搜索中 Swerling Ⅰ和Ⅱ型目标探测性能

SNR/dB	Swerling Ⅰ型		Swerling Ⅱ型	
	单脉冲检测概率	独立观测4次累积检测概率	单脉冲检测概率	独立观测4次累积检测概率
10	0.285	0.738	0.091	0.318
15	0.655	0.986	0.401	0.871
20	0.872	1.000	0.735	0.995

比较两个 Swerling 模型的累积检测概率表明,如果需要至少0.96的累积检测概率,则在无干扰(即 Swerling Ⅰ)的情况下,SNR 为15dB 已经足够,而对于有跳频干扰情况(即 Swerling Ⅱ),需要接近20dB 的 SNR。对这些结果的一种解释是:干扰会使搜索性能降低近5dB(或者等效性能需要灵敏度高5dB 的雷达)。

表15.2考虑了带有副瓣对消的替代设计。该设计提供了平均15dB的干扰抵消,实现了9dB、13.5dB和18dB的信号干扰比(SIR)。可以看出,通过在雷达系统设计中加入副瓣对消器,在洁净区产生15dB信噪比的雷达将达到13.5dB SIR,满足0.96(无余量)的累积检测概率要求。

表15.2 地平线栅栏搜索采用副瓣对消Swerling I型目标

SIR/dB	单脉冲检测概率	独立观测4次累积检测概率
9	0.213	0.617
13.5	0.554	0.960
18	0.806	0.999

现在,考虑同一雷达在严重的杂波环境下,在信杂比(SCR)分别为-23dB、-18dB和-13dB时,如果三脉冲对消MTI提供的杂波抑制能力足以使信杂比达到8.5dB、13dB和17.5dB,则表15.3为相应的性能预测结果。

表15.3 地平线栅栏搜索杂波环境中采用MTI取消的Swerling I型目标

输入SCR/dB	独立观测4次累积检测概率	MTI对消后产生的SCR/dB	独立观测4次累积检测概率
-23	0.181	0.091	0.550
-18	0.517	0.401	0.946
-13	0.786	0.735	0.998

从表中可以看出,在无干扰的情况下,能具有15dB SNR的雷达,MTI对消后产生13dB的SCR,累积检测概率为0.946。虽然不完全等同于在洁净环境下的性能,但这种预测性能表明性能退化很小,在大多数情况下认为是满足需求的。

15.2.2 跟踪

跟踪性能预测通常着重于跟踪平滑度和跟踪精度。考虑两种目标类型:匀速气动目标以及火箭烧毁后完好无损的战术弹道导弹(TBM)。假设雷达在两个目标上均达到15dB SNR,并且3dB波束宽度为2°。以5Hz数据率跟踪飞机,以2Hz数据率跟踪导弹。在机动之前,在飞机上实现了10s的时间跟踪,而在导弹目标上实现了30s的时间跟踪。两个目标都距离雷达250km。跟踪平滑估计误差近似为

$$\sigma_P = \frac{R\theta_3}{\sqrt{2\mathrm{SNR}f_r T_t}} \tag{15.1}$$

式中：R、θ_3、SNR、f_r 和 T_t 分别表示目标斜距、天线 3dB 波束宽度、信噪比、跟踪数据率和跟踪时间。另外，预测位置误差约为

$$\sigma_{\text{P-Predicted}} = \frac{R\theta_3}{\sqrt{2\text{SNR}f_r T_t}} + \frac{T_P \sqrt{12} R\theta_3}{T_t \sqrt{2\text{SNR}f_r T_t}} \tag{15.2}$$

表 15.4 给出了对跟踪预测目标 10 秒（T_P）后所在位置的预测误差

表 15.4 飞机和导弹的平滑预测位置误差

目标类型	平滑位置误差/m	平滑预测位置误差/m
飞机	157	693
TBM	143	305

应当指出的是，TBM 的跟踪时间（即 30s 对 10s）超过了飞机的跟踪时间，飞机的数据率还高于导弹数据率（飞机 5Hz，弹道轨迹在大气层外只受重力影响，TBM 为 2Hz），这是意料之中的。事实上，由于飞机不可避免地进行机动，因此，在此条件下，更有利于 TBM 跟踪，这将进一步限制飞机的平滑跟踪时间。然而，与 TBM 相比，飞机可能会产生更大的 SNR。

15.2.3 干扰抑制

相控阵雷达干扰缓解性能的预测可以在首过时进行，或通过使用近似公式，以及使用高保真模拟进行"粗略"预测。

副瓣对消的性能在第 8 章中讨论过。理想副瓣对消之后的剩余干扰功率由第 8 章和参考文献 [8] 提供，其公式为

$$\text{对于 } P_J \gg P \text{ 且 } \rho = 1, \quad P_{\min} \approx P_n \left[1 + \frac{G_m}{G_a} \right] \tag{15.3}$$

式中：P_J、P_n、ρ、G_m 和 G_a 分别为干扰功率、噪声功率、主辅天线中干扰的相关系数、主天线副瓣增益和辅天线副瓣增益。表 15.5 对式（15.3）在干净环境中信噪比为 20dB 时的几个天线增益值，并计算输出信干扰比。

表 15.5 使用理想副瓣对消的输出 SIR （单位：dB）

G_m/G_a/dB	输出 SIR/dB
3	15.22
0	16.99
−10	19.59
−20	19.96

可以看出，当辅助天线增益比主天线副瓣高至少 10dB 时，可以获得良好的性能。但是，即使使用副瓣对消，辅助天线副瓣增益仍会使雷达性能降低 3dB。对于 Swerling I 型目标，虚警率为 10^{-6}，这将导致目标可检测性的显著损失：在干净背景下检测概率为 0.87 的目标，在使用低增益辅助天线进行副对消时检测概率为 0.76。

开环置零可通过多个干扰采样来估算权矢量从而对干扰进行置零运算。举例来说，使用最佳权值进行干扰抑制可达-35dB。根据用于计算权重的样本数量估算 32 单元阵列的开环置零性能，近似结果如表 15.6 所列。计算相对于理想对消的损耗可以用式（15.4）近似计算，其中 N 和 M 分别是第 8 章和参考文献［8］给出的采样数和天线阵元数，其公式为

$$\text{Loss}(\text{dB}) = 10\lg\left[\frac{N+2-M}{N+1}\right] \qquad (15.4)$$

表 15.6　不同采样数条件开环自适应置零算法性能与
理想条件下-35dB 抑制能力

采样数	开环对消/dB
32	-22.82
48	-30.65
64	-32.18
80	-32.90
96	-33.32
128	-33.81
160	-34.07

从表中可以看出，当采样数等于阵元数（即 12dB 损失）时，开环对消效果会大大降低，而 80 个采样（即 2dB 损失）或 160 个采样（即 1dB 损失）则损失很小。必须折中采样点数和收集干扰样本所需的时间，在此期间，干扰参数可能会更改，从而导致对消性能下降。

对于使用有限数量的杂波样本，可以实现类似的开环多普勒对杂波后向散射的置零。与开环置零相比，闭环干扰或杂波抑制通常可以实现更佳的对消性能，但需要更高的计算需求。同样，使用有限数量的干扰或杂波样本估计自适应权重将带来如式（15.4）所预测的性能损失。

干扰抑制的另一种类型是在信号处理器中使用时域或频域截尾。当干扰（或杂波后向散射）持续时间短或本质上属于窄带时，这可以非常有效。同样，这对应于离散的杂波回波，如由人造结构引起的杂波信号也可以抑制。性

能受干扰占优势的样本数与信号加干扰样本总数的限制。表15.7说明了预测的性能损失同截尾样本与总样本占比之间关系（如距离单元、频率点或多普勒滤波器）。从表中可以看出，与进行剔除的干扰源相比，可以对多达约10%的样本进行截尾，且损失可接受。在某些情况下，1dB或2dB的损失也是可以接受的。

表15.7 时域或频域截尾导致的SNR损失是
截尾样本与总样本之比的函数

剔除样本与总样本之比	截尾造成的SNR损失/dB
0.05	−0.22
0.10	−0.46
0.20	−0.96
0.30	−1.55
0.40	−2.22
0.50	−3.01

应该注意的是，本节中讨论的对消性能不考虑硬件子系统设计存在的幅度或相位误差，也不存在通道间的失配误差。这些影响将在15.2.5节中讨论。

15.2.4 杂波抑制

杂波消除通常通过第2章中描述的信号处理技术来实现。两种典型的消除技术是MTI处理和脉冲多普勒技术。本节将介绍两种方法的杂波消除的性能。

MTI处理对于零多普勒频移的杂波有效（或相对于目标移动非常缓慢的杂波）。这种技术是一种数字高通滤波，在零多普勒频率和脉冲重复频率（PRF）的整数倍数下具有零增益，如图2.7所示。在这些条件下，二脉冲和三脉冲对消器的良好性能可以通过以下关系得到：

$$I_2 = \text{CA} \approx [2(\pi\sigma_f T)^2]^{-1} = \left(\frac{\text{PRF}}{\sigma_f}\right)^2 / 19.75 \quad (15.5)$$

和

$$I_3 \approx \left(\frac{\text{PRF}}{\sigma_f}\right)^4 / 780 \quad (15.6)$$

式中：σ_f、T和PRF分别是杂波频谱宽度、脉冲重复间隔（PRI）和脉冲重复频率。表15.8说明了二脉冲和三脉冲MTI对消器的典型理论性能。

表 15.8 预测 MTI 杂波消除性能

PRF 与杂波频谱宽度之比	二脉冲 MTI 消除/dB	三脉冲 MTI 消除/dB
0.05	-38.97	-80.96
0.10	-32.96	-68.92
0.25	-25.00	-53.00
0.40	-20.91	-44.84

如表 15.8 所列，对消器的性能随杂波频谱宽度的增加而降低。但是，对于相对较窄的杂波频谱，二脉冲 MTI 对消器可提供良好的性能。三脉冲 MTI 可以抑制频带较宽的杂波。注意：对于非零速度杂波和其他现实的影响（如定时抖动或非平稳杂波统计数据），这些将使对消性能下降。

脉冲多普勒波形和处理提供了优于 MTI 的性能，特别是对于非零速度杂波，其代价是更多的雷达资源（如 16 个或 32 个相干脉冲）的占用和信号处理复杂度（即脉冲匹配滤波和 N 个多普勒滤波器的处理，其中 N 是序列中相干脉冲的数量）。

对于比多普勒滤波器带宽更窄的杂波频谱，可以得到近乎完美的杂波消除效果。但是，对于较宽的杂波频谱，如雨杂波，多个滤波器内都可能具有明显的杂波。消除所有带杂波的多普勒滤波器将最终降低目标的多普勒覆盖率，并且需要大量的 PRF（和相干批次的脉冲）才能重新获得足够的目标速度覆盖范围。因此，为了使这种影响最小化，通常使用带有一些杂波的多普勒滤波器用于检测，这又将导致杂波剩余较多。

15.2.5 硬件子系统

本节讨论一些常见的受硬件限制带来的性能问题。

15.2.5.1 距离（时间）副瓣

硬件误差会影响距离副瓣电平。导致这种现象的主要原因是天线和接收机模拟器件中的信号传输路径。近似距离副瓣电平通过以下方式限制为不超过天线、接收机和副瓣锥削等的误差均方根：

$$\text{SLL}(\text{dB}) = 10\lg\sqrt{\text{Error}_{\text{ant}}^2 + \text{Error}_{\text{rec}}^2 + \text{Taper}^2} \qquad (15.7)$$

式中：SLL、$\text{Error}_{\text{ant}}^2$、$\text{Error}_{\text{rec}}^2$ 和 Taper^2 分别表示副瓣电平、天线误差、接收机误差以及副瓣锥削电平。

表 15.9 说明了相对于匹配滤波器输出处的峰值响应。当距离副瓣为 -30dB 和 -40dB 时，天线和接收机可达到的合理误差幅度。可以看出，如果天线误差为 -40dB，对于所需的 -30dB 副瓣，大约有 5dB 的裕度，对于所需的

−40dB 副瓣，大约有 3.4dB 的裕度。如果接收机和天线误差上升到−42dB，并且再次选择−45dB 锥消，那么，−40dB 副瓣电平将没有裕度。

表 15.9 预测距离副瓣性能

误差和锥削电平/dB	SLL 为−30dB	SLL 为−40dB
接收机：−50 天线：−45 锥削：SLL$_{所需}$−5dB	−34.97	−43.39

15.2.5.2 通道间对齐

当出现通道间不匹配时，干扰抑制性能将降低。第 11 章讨论了这一问题，并提供了一个可实现的干扰抵消公式作为通道间对齐误差的函数：

$$CR = \left(\frac{4}{3}\right)(\varepsilon_p - 1)^2 \tag{15.8}$$

考虑一个提供−35dB 副瓣噪声干扰消除的自适应阵列，表 15.10 显示了不同程度的通道失配的影响。

表 15.10 通道失配情况下的消除性能

通道对齐误差/dB	消除性能/dB
0.02	−35.0
0.05	−35.0
0.10	−35.0
0.20	−31.4
0.30	−27.8
0.40	−25.3

从表 15.10 可以看出，存在超过 0.1dB 的失配误差时，对消性能会明显下降。

15.2.5.3 幅度和相位误差

与 2.6.2 节中的通道匹配误差的影响类似，幅度和相位误差也会降低干扰消除性能。在第 11 章中，通带中的最大消除性能与正弦幅度误差由下式给出：

$$幅度误差(dB) = 20\lg\left[\left(1+\frac{\delta}{2}\right) \Big/ \left(1-\frac{\delta}{2}\right)\right] \tag{15.9}$$

式中：δ 是正弦波的峰值幅度。从表 15.11 可以看出，对于信道失配误差，大于 0.1dB 的峰值正弦误差，对消性能会明显下降。

表 15.11 幅度误差下的消除性能

正弦峰值失配误差/dB	可得到的消除性能/dB
0.02	−35.0
0.05	−35.0
0.10	−35.0
0.20	−32.7
0.30	−29.1
0.40	−25.3

对于相位误差，存在与消除性能有关的类似关系。为了达到−35dB 的消除比，相位误差要求在均方根 5°左右的量级。

15.2.5.4 相位噪声

如第 11 章所述，相位噪声是可实现杂波消除的主要限制。这里使用的计算方法参照参考文献 [19]。这种方法本质上是图形化的，可以通过首先将接收机相位噪声频率响应乘以系统频率响应函数（如控制系统设计中的 Bode 图），然后对整个频率进行积分以获得所产生的相位噪声，从而有效地调整接收机相位噪声频率响应。系统频率响应由杂波距离，使用的 MTI 对消器的类型以及脉冲带宽决定。

首先，要考虑到由于发射和接收之间的相关性而产生的杂波消除（假定使用一个本振信号），杂波的截止频率计算为

$$f_c = \frac{c}{2\pi R_c} \tag{15.10}$$

式中：c 和 R_c 分别是光速和杂波所在位置到雷达的距离。对于 100km 的平均距离，杂波产生的截止频率约为 500Hz。图中该"支路"频率响应的斜率为 20dB/10 倍频程。

接下来，对于三脉冲 MTI 对消器，近似的截止频率计算为 $f_2 = 0.249 \text{PRF}_{\text{AVE}}$ 或大约 119Hz。图中的该部分的频率响应斜率为 40dB/10 倍频程。最后，假设中频滤波器的响应具有±1.25MHz 的 3dB 带宽（即对应于 2.5MHz 的脉冲带宽），并假定在 1.25MHz 以上以−40dB/10 倍频程滚降。

假设接收机标称相位噪声频率响应的截止频率大于 1.75kHz，噪底为−140dBc/Hz。假设截止频率以下为−30dB/10 倍频程的滚降。考虑到相位噪声频谱是双侧的，并且在振荡器上同时存在发射和接收噪声，假设的相位噪声响应因此增加 6dB。计算得到的系统频率响应和调整后的相位噪声频率响应如图 15.1 所示。

如图 15.1 所示，累积相位噪声为 -62.6dBc（即相对于载波的 dB）。因此，-62.6dB 是预测的最大杂波对消比。通常，在设计中将分配 5~10dB 的裕度，这将导致大约 -55dB 的杂波对消能力，这对许多场景来说已经足够了。可以将类似的分析方法用于脉冲多普勒处理。

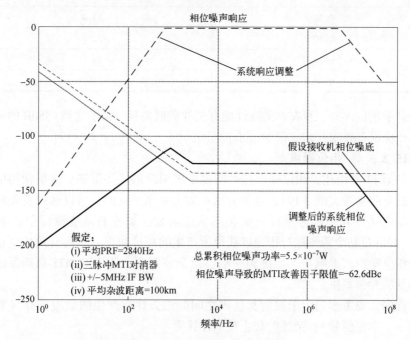

图 15.1 系统调整相位噪声响应

15.2.5.5 工作宽带与子阵列规模比

由于在非常宽的带宽上工作的相控阵存在频率偏移现象，因此，由天线主瓣扫描目标相对于瞬时波形频率的相位差异会导致损耗，称为色散损耗。对于线性调频波形，天线主瓣以递增或递减的频率线性扫描目标（即取决于雷达采用的是"正斜率"还是"负斜率"波形）。因此，这种"扇贝"效应导致目标回波幅度的损失。

要评估一个子阵列需要多小才能将 2000MHz 带宽波形扫描 60°范围，需要定义一个品质因数（FoM）来描述这个问题。品质因数、子阵列宽度、最大电扫描角和脉冲宽度之间的关系由下式给出：

$$\text{FoM} = \frac{(子阵列宽度)\sin(\theta_{\max\,\text{scan}})B}{c} \qquad (15.11)$$

式中：B 和 c 分别是信号带宽和光速。注意：当 FoM 大约为 1 时，在最大电扫

描时会发生约 1dB 的色散损耗。求解子阵列宽度的公式为

$$子阵列宽度 = \frac{\text{FoM} \cdot c}{B\sin(\theta_{\max \text{ scan}})} \quad (15.12)$$

对于上述值，所需的子阵列宽度为 0.173m。

因此，如果相控阵使用 10m^2 的天线孔径，则以 2GHz 带宽 LFM 信号工作，最大电子扫描为 60°，并且仅产生约 1dB 的色散损耗，则所需的方阵子阵列数大约为

$$N_{子阵列} = \frac{10}{(0.173)^2} = 334$$

对于小于 1dB 的色散损耗，将需要更多数量的子阵列。

15.3 参 考 文 献

[1] J. V. Candy, *Signal Processing—The Modern Approach*, McGraw-Hill,
[2] S. Haykin & A. Steinhardt, *Adaptive Radar Detection and Estimation*, Wiley, 1992
[3] S. Haykin, *Adaptive Radar Signal Processing*, Wiley-Interscience, 2006
[4] S. Kay, *Modern Spectral Estimation: Theory and Application*, Prentice-Hall, 1999
[5] D. Manolakis, *Statistical and Adaptive Signal Processing*, Artech House, 2005
[6] S. L. Marple, *Digital Spectral Analysis with Applications*, Prentice-Hall, 1987
[7] R. A. Monzingo & T. M. Miller, *Introduction to Adaptive Arrays*, SciTech, 2003
[8] R. Nitzberg, *Radar Signal Processing and Adaptive Systems*, 2nd Edition, Artech House, 1999
[9] A. Oppenheim & R. Shafer, *Digital Signal Processing*, Prentice-Hall, 1975
[10] A. Papoulis, *Probability, Random Variables, and Stochastic Processes*, McGraw-Hill, 1965
[11] A. Papoulis, *Signal Analysis*, McGraw-Hill, 1977
[12] H. Van Trees, *Detection, Estimation and Modulation Theory, Part 1*, Wiley-Interscience, 2001
[13] Y. Bar-Shalom, *Multitarget-Multisensor Tracking: Principles and Techniques*, YBS, 1995
[14] Y. Bar-Shalom, *Multitarget/Multisensor Tracking: Applications and Advances*, Artech House, 2000
[15] S. Blackman & R. Popoli, *Design and Analysis of Modern Tracking Systems*, Artech House, 1999
[16] R. Duda, et al., *Pattern Classification*, 2nd Edition, Wiley-Interscience, 2000
[17] K. Fukunaga, *Introduction to Statistical Pattern Recognition*, 2nd Edition, Academic Press, 1990
[18] S. Theodoridis & K. Koutroumbas, *Pattern Recognition*, 2nd Edition, Academic Press, 2003
[19] M. Skolnik, *Radar Handbook*, 2nd Edition, McGraw-Hill, 1990

关 于 作 者

Tom Jeffrey 是雷神公司综合防务系统（IDS）事业部的高级会员。他在雷达系统工程领域拥有超过 30 年的丰富经验，涵盖了设计和开发的所有阶段，包括初步概念和整体系统需求的开发、系统架构、硬件和软件子系统需求、详细算法以及系统集成和测试。他领导过系统工程团队，开发过系统工程培训，并担任新系统工程师的导师。

最近，他在雷神公司担任"朱迪·眼镜蛇"替代（CJR）雷达项目的系统架构师，并担任多个终端和前端弹道导弹防御系统和导弹防御雷达的顾问。他曾担任海军高功率分辨（HPD）雷达的技术主管，这是一种舰载 X 波段战术弹道导弹防御雷达。对于地基雷达（GBR）家族的 X 波段雷达，Tom 负责将系统需求分配到硬件和软件子系统，并带领一个系统工程师团队制定了详细的战术和战略弹道导弹防御雷达的软件需求，演变成今天的 THAAD 战术导弹防御雷达和 SBX 战略导弹防御雷达。他还为"爱国者"雷达执行了气动目标分类、分辨和识别算法的概念与详细发展。

Tom 在雷神公司教授了许多与雷达相关的课程，包括基础和高级雷达、自适应处理和架构方法，并担任 IDS 系统工程技术开发计划（SETDP）的讲师。他是 IEEE 的高级成员和 INCOSE 的成员。Tom 撰写了十几篇与雷达相关的论文。他在康涅狄格大学获得学士学位，在雪城大学获得硕士学位。他的爱好包括演奏和收集吉他、写歌、徒步旅行、骑自行车和跑步。他和他的妻子 Marie，还有一只金毛猎犬 Tilly 住在马萨诸塞州的萨德伯里。

缩略语

2-D	Two-Dimensional	二维
3-D	Three-Dimensional	三维
A/D	Analog-to-digital	模/数变换
AAW	Anti-Air Warfare	防空作战
ABT	Air-Breathing Target	气动目标
ACM		姿态控制模块
AESA	Active Electronically-Steered Array	有源电扫阵列
AGC		自动增益控制
AMTI	Adaptive Moving Target Indicator	自适应动目标指示器
ANASIM	Analog Simulation	模拟仿真
AR	Auto-Regressive	自回归
ASCS	Antenna Servo Control System	天线伺服控制系统
ATC	Air Traffic Control	空中交通管制
BMD	Ballistic Missile Defense	弹道导弹防御
BMEWS	Ballistic Missile Early Warning System	弹道导弹早期预警系统
BSC	Beam Steering Controller	波束指向控制器
BSG	Beam Steering Generator	波束指向产生器
C2BMC		指挥、控制、作战管理
CA		单元平均
CA		杂波衰减
CCR	Clutter Cancellation Ratio	杂波消除比
CDI	Classification, Discrimination, Identification	分类、分辨和识别
CFAR	Constant False Alarm Rate	恒虚警率

CI	Coherent Integration	相干积累
CJR	Cobra Judy Replacement	"朱迪·眼镜蛇"替代
CNR	Clutter-to-noise Ratio	杂波噪声比
CONOPS	Concepts of Operations	作战概念
CUT		待测单元
CUT		被测单元
CW		连续波
DA	Data Association	数据关联
DBF	Digital Beam Forming	数字波束形成
DIGSIM	Digital Simulation	数字仿真
DOF	Degree-of-freedom	自由度
D-S	Dempster-Shafer	证据理论
EKF	Extended Kalman Filter	扩展卡尔曼滤波
EM	Electromagnetic	电磁
EO	Electro-Optics	电-光
ESA	Electronically-Steered Array	电控阵列
EW		早期预警
FD	Failure Detection	故障检测
FFOV	Full Field-of-View	全视场
FFT	Fast Fourier Transform	快速傅里叶变换
FI	Failure Identification	故障识别
FOM		品质因数
FOR	Field-of-Regard	视场观测
FOV	Field-of-View	视场
GBR	Ground-based Radar	地基雷达
GHz	Gigahertz	吉赫兹
GLR	Generalized Likelihood Ratio	广义似然比
GLRT	Generalized Likelihood Ratio Test	广义似然比检验
GPS	Global Positioning System	全球定位系统
HPD	High Power Discrimination	高功率分辨

IBDA	Innovations-Based Detection Algorithm	基于新息的检测算法
ICBM	Inter-continental Ballistic Missiles	洲际弹道导弹
ID	Identification	识别
IF	Intermediate Frequency	中频
IFF	Identification, Friend or Foe	敌我识别
IMM	Interacting Multiple-Model	交互多模
INS	Inertial Navigation System	惯性导航系统
IPNL	Integrated Phase Noise Level	积累相位噪声电平
IRBM	Intermediate-range Ballistic Missiles	中程弹道导弹
JPDA	Joint Probability Data Association	联合概率数据关联
KF	Kalman Filter	卡尔曼滤波
LFM	Linear Frequency Modulation	线性调频
LFOV	Limited Field-of-View	有限视场
LOS	Line-of-Sight	视线
LR	Likelihood Ratio	似然比
LRT	Likelihood Ratio Test	似然比检验
LSB	Least Significant Bits	最低有效位
LTP	Long-Term Planner	长期计划器
LTS	Long-Term Scheduler	长期调度器
MFR	Multifunction Radar	多功能雷达
MHT	Multiple Hypothesis Tracker	多假设跟踪（器）
MHz	Megahertz	兆赫兹
MMSE	Minimum Mean Square Error	最小均方差
MSLC	Multiple Sidelobe Canceller	多副瓣对消器
MSPAR	Mechanically Steered Phased Array Radar	机械扫描相控阵雷达
MTD	Moving Target Detector	动目标检测器
MTI	Moving Target Indicator	动目标显示
NB	Narrowband	窄带
NCI	Non-Coherent Integration	非相干积累

NCTR	Non-Cooperative Target Recognition	非合作目标识别
NLFM	Nonlinear Frequency Modulation	非线性调频
NN	Nearest Neighbor	最近邻
OES	Orbital Element Set	卫星轨道根数集合
PAR	Phased Array Radar	相控阵雷达
PBV		后助推飞行器
PD	Probability of Detection	检测概率
PD		脉冲多普勒
PDA		概率数据关联
PFA	Probability of False Alarm	虚警概率
PRF	Pulse Repetition Frequency	脉冲重复频率
PRI	Pulse Repetition Interval	脉冲重复间隔
RAP	Radar Activity Priority	雷达活动优先级
RBF	Receive Beam Former	接收波束形成器
RCS	Radar Cross Section	雷达截面
RF	Radio Frequency	射频
RI/P	Resource Interval/Period	资源间隔/周期
RLS	Recursive Least Squares	递归最小二乘
RM	Resource Manager	资源管理（器）
RMS	Root Mean Square	均方根
ROC	Receiver Operating Characteristics	接收机工作特性
RRE	Radar Range Equation	雷达距离方程
RS	Radar Scheduler	雷达调度器
RV		再入飞行器
RW		距离窗
SCR	Signal-to-Clutter Ratio	信杂比
SDP	Signal Data Processor	信号数据处理机
SETDP	Systems Engineering Technical Development Program	系统工程技术开发计划
SI	Scheduling Interval	调度间隔

SINR		信干噪比
SIR	Signal-to-Interference Ratio	信干比
SLB	Sidelobe Blanker	副瓣匿影
SLC	Sidelobe Canceller	副瓣对消
SM-2	Standard Missile-2	标准导弹-2型
SMI	Sample Matrix Inverse	样本矩阵逆
SNR	Signal-to-Noise Ratio	信噪比
SP	Signal Processor	信号处理器
SSD		舰船的自卫
STALO	Stable Local Oscillator	稳定本振器
STAP	Space-Time Adaptive Processing	空-时自适应处理
STP	Short-Term Planner	短期计划器
STS	Short-Term Scheduler	短期调度器
T/R	Transmit/Receive	发射/接收
TBM	Tactical Ballistic Missile	战术弹道导弹
TDL	Tapped Delay Line	抽头延迟线
THAAD	Theater High-Altitude Area Defense	末段高空区域防御系统
TI	Track Initiation	跟踪起始
TM	Track Maintenance	跟踪维持
TWS	Track-While-Scan	边扫描边跟踪
TWT	Traveling Wave Tube	行波管
UAV	Unmanned Aerial Vehicle	无人机
U-D	Upper-Diagonal	上对角线
UHF	Ultra-High Frequency	超高频
WB	Wideband	宽带

附录 雷达基本概念和雷达距离方程

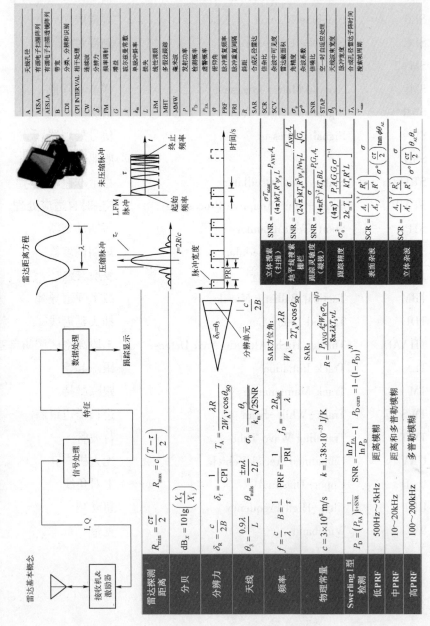

232